Les Fougères

organographie et Classification

Traduit de l'anglais par Ed. Maron

LES FOUGÈRES

ORGANOGRAPHIE ET CLASSIFICATION

LES

FOUGÈRES

ORGANOGRAPHIE ET CLASSIFICATION

PAR

MM. HOOCKER, BAKER ET SMITH

TRADUIT DE L'ANGLAIS

PAR CH. MARON

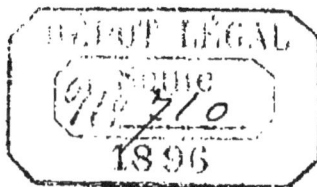

Membre de la Société nationale d'Horticulture de France

AVEC ANNOTATIONS

Par MM. L. FOURNIER (de Marseille) et Ch. MARON

~~~~~~~~~~~~~~

ET 320 FIGURES DANS LE TEXTE

~~~~~~~~~~~~~~

PARIS

OCTAVE DOIN, ÉDITEUR

8, PLACE DE L'ODÉON, 8

—

1896

LES FOUGÈRES

TABLE DU CLASSEMENT DES FOUGÈRES

6 sous-ordres, 13 tribus, 75 genres.

1er SOUS-ORDRE : Gleicheniaceæ. — 1er genre : *Platyzoma;*
2e genre : *Gleichenia.*

2e SOUS-ORDRE : Polypodiaceæ du 3e au 61e genre, divisé en
13 tribus.

INVOLUCRATEÆ

(Sores pourvus d'involucres, les *Alsophila* exceptés.)

1re TRIBU : Cyatheæ. — 3e genre : *Thyrsopteris;* 4e genre :
Cyathea; 5e genre : *Hemitelia;* 6e genre : *Alsophila;* 7e genre :
Diacalpe; 8e genre : *Matonia.*

2e TRIBU : Dicksonieæ. — 9e genre : *Onoclea;* 10e genre :
Hypoderris; 11e genre : *Woodsia;* 12e genre : *Sphæropteris;*
13e genre : *Dicksonia;* 14e genre : *Deparia.*

3e TRIBU : Hymenophylleæ. — 15e genre : *Loxsoma;* 16e genre :
Hymenophyllum; 17e genre : *Trichomanes.*

4^e TRIBU : **Davallieæ.** — 18^e genre : *Davallia;* 19^e genre : *Cystopteris.*

5^e TRIBU : **Lindsayæ.** — 20^e genre : *Lindsaya;* 20^e genre *bis : Dictyoxiphium.*

6^e TRIBU : **Pterideæ.** — 21^e genre : *Adiantum;* 22^e genre : *Ochropteris;* 23^e genre : *Lonchitis;* 24^e genre : *Hypolepis;* 25^e genre : *Cheilanthes;* 26^e genre : *Cassebeera;* 27^e genre : *Onychium;* 28^e genre : *Llavea;* 29^e genre : *Cryptogramme;* 30^e genre : *Pellæa;* 31^e genre : *Pteris;* 32^e genre : *Cerato-pteris;* 33^e genre : *Lomaria.*

7^e TRIBU : **Blechneæ.** — 34^e genre : *Blechnum;* 35^e genre : *Sadleria;* 36^e genre : *Woodwardia;* 37^e genre : *Doodia.*

8^e TRIBU : **Asplenieæ.** — 38^e genre : *Asplenium;* 39^e genre : *Allantodia;* 40^e genre : *Actiniopteris.*

9e TRIBU : **Scolopendrieæ.** — 41e genre : *Scolopendrium.*

10e TRIBU : **Aspidieæ.** — 42e genre : *Didymochlæna;* 43e genre : *Aspidium* (comprenant *Sagenia*); 44e genre : *Nephrodium;* 45e genre : *Nephrolepis;* 46e genre : *Oleandra;* 47e genre : *Fadyenia.*

EXINVOLUCREÆ

(Sores dépourvus d'involucres.)

11e TRIBU : **Polypodieæ.** — 48e genre : *Polypodium.*

12e TRIBU : **Grammitideæ** — 49e genre : *Jamesonia;* 50e genre : *Nothochlæna;* 51e genre : *Monogramme;* 52e genre : *Gymnogramme;* 53e genre : *Brainea;* 54e genre : *Meniscium;* 55e genre : *Antrophyum;* 56^e genre : *Vittaria;* 57^e genre : *Tænitis;* 58^e genre : *Drymoglossum;* 59^e genre : *Hemionitis.*

13^e TRIBU : **Acrosticheæ.** — 60^e genre : *Acrostichum;* 61^e genre : *Platycerium.*

3^e SOUS-ORDRE : **Osmundaceæ.** — 62^e genre : *Osmunda;* 63^e genre : *Todea.*

4^e SOUS-ORDRE : **Schizeaceæ.** — 64^e genre : *Schizea;* 65^e genre : *Anemia;* 66^e genre : *Mohria;* 67^e genre : *Trochopteris,* 68^e genre : *Lygodium.*

5ᵉ SOUS-ORDRE : Marattiaceæ. — 69ᵉ genre : *Angiopteris;* 70ᵉ genre : *Marattia;* 71ᵉ genre : *Danæa;* 72ᵉ genre : *Kaulfussia.*

6ᵉ SOUS-ORDRE : Ophioglossaceæ. — 73ᵉ genre : *Ophioglossum;* 74ᵉ genre : *Helminthostachys;* 75ᵉ genre : *Botrychium.*

EXPLICATION DE LA PLANCHE CI-CONTRE

Sporanges annelés

1. Sporange avec un anneau vertical (grossi 100 fois).
2. Sporange avec un anneau horizontal (grossi 100 fois).
3. Sporange avec un anneau apical (grossi 100 fois).
a. Spores de chaque, très grossies 200 et 300 fois.

Sporanges exannelés

4. Sporanges (deux) libres s'ouvrant par une fente verticale grossis 25 fois.
5. Sporanges unis (synanges) s'ouvrant par des pores (grossis 7 fois).
6. Sporanges unis (synanges) s'ouvrant par des fentes (grossis 9 fois).
a. Spores de chaque grossies 300 fois.

Indusies ou Involucres

7. Indusie peltée orbiculaire (légèrement grossie).
8. Indusie latérale réniforme (légèrement grossie).
9. Indusie calyciforme (légèrement grossie).
10. Indusie linéaire (attachée intérieurement) (légèrement grossie).
11. Indusie valvée (légèrement grossie).
12. Indusie universelle (légèrement grossie).

Pl. I

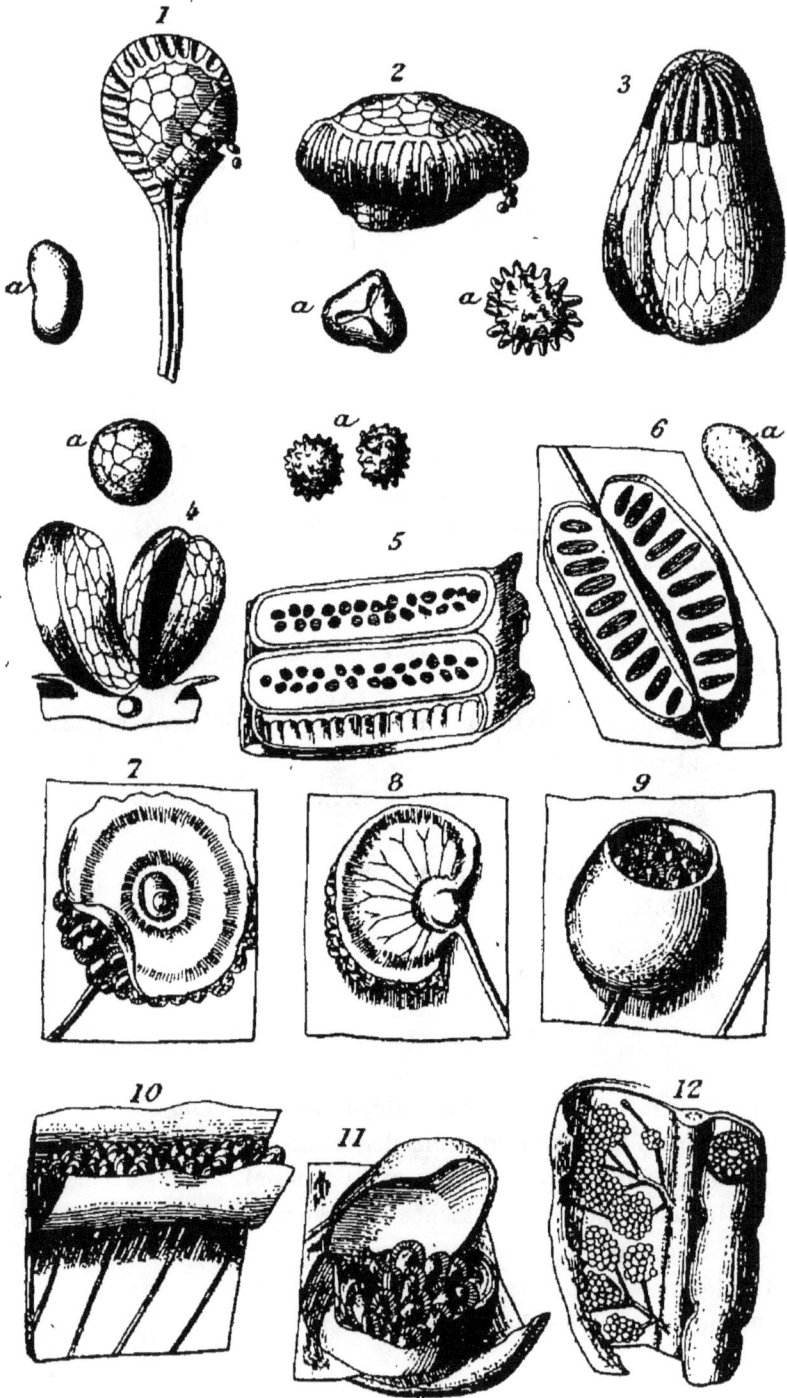

PREMIÈRE PARTIE

ORGANOGRAPHIE

Les Fougères (*Filices*) occupent le premier rang dans la classification des végétaux appelés *Crypto-games*. Leurs organes les plus évidents se composent de la tige et des feuilles qui sont appelées *frondes* et sont différemment traversées par des *nervures* ramifiant d'une manière déterminée dans les différents genres. Sur certaines parties définies de ces nervures, généralement en dessous de la fronde et appelées *recéptacles*, des amas ou lignes de simples loges (*sporanges*) sont produites, ou ayant parfois ces loges divisées (*synanges*) et dans ces enveloppes les spores reproductives sont contenues. Les amas sont appelés *sores*.

Vernation ou préfeuillaison.

Le mot *vernation* dans le sens où je l'emploie, signifie le mode de croissance des fougères, ou en d'autres termes la manière par laquelle leurs frondes sont développées et jointes avec le stem.

La *vernation* est, soit :

Articulée lorsque les frondes sont attachées par

une articulation et laissent une cicatrice lorsqu'elles tombent, ou :

ADHÉRENTE lorsque cette articulation n'existe pas, et que les bases sont conservées avec le stem, et on la dit :

UNISÉRIÉE lorsque les frondes sont produites l'une après l'autre, par une simple et linéaire série, quelquefois près (*contiguë*) et d'autres fois loin l'une de l'autre (*distante*) ou :

FASCICULÉE, lorsqu'elles entourent un axe central sur le haut duquel elles forment une couronne.

Tige ou Stipe.

Dans un grand nombre de fougères le stipe n'est pas à première vue très visible, et même lorsqu'il est complètement visible, il est assez fréquemment confondu avec les racines, comme, par exemple, la tige souterraine du *Pteris aquilina;* mais dans les fougères en arbre il est très souvent apparent. C'est un organe d'une importance considérable pour la classification et qui fournit des caractères valables et distincts.

Les principales formes du stipe sont nommées :

1° Le RHIZOME qui est une tige couchée, cassante et charnue produisant des racines tout le long du côté inférieur; presque toujours poussant sur le sol, rampant et fourni d'écailles (*squammeux*), mais occasionnellement sous le sol (souterrain) et alors dépourvu d'écailles.

Il varie beaucoup en longueur et il est simple ou rameux ; lorsqu'il est très court et rameux, il forme une touffe (*cespiteux*), et lorsqu'il est très long (*surculeux*), généralement il grimpe sur les arbres (*grimpant*), très rarement dressé (*subfrutescent*).

Son point de départ est un peu (souvent considérablement) en avance des frondes non développées, et les frondes elles-mêmes sont produites une à une: d'un point spécial plus ou moins distant sur les côtés appelés nœuds, sur lesquels elles sont articulées.

2° Le SARMENT, une tige courante, mince, flexible, s'enracinant comme un rhizome, mais en différant par la base de chaque fronde ahérente et continue au stipe, son point de départ étant contemporain, ou à peine en avance sur les frondes non développées.

3° Le CAUDEX, une tige droite ou inclinée (*décombant*) soit simple ou en touffe (*cespiteux*) par la pousse de ses rejetons, ou poussant de longs rejetons qui prennent racine à leurs extrémités *stolonifères*. Il est souvent très petit, s'élevant à peine au-dessus de la terre, mais généralement plus ou moins élevé, et quelquefois il forme un tronc cylindrique *arborescent* s'élevant jusqu'à 15 mètres et au-dessus ; ce stipe dans beaucoup d'espèces est épaissi par de nombreuses racines aériennes et filiformes ; il porte une couronne de frondes ordinairement adhérentes, développées en spirale sur le sommet.

Frondes (Feuilles).

Les frondes des fougères sont stériles ou fertiles. La plupart du temps, ces dernières ne diffèrent pas beaucoup des premières, quoiqu'elles soient généralement plus étroites dans toutes leurs parties. Mais quelquefois elles sont entièrement différentes sur la même plante, les stériles présentant l'apparence feuillue ordinaire et les fertiles étant tellement contractées que la partie feuillue est entièrement absente; ou dans d'autres cas les deux sortes sont réunies sur la même fronde, la portion fertile étant contractée, et la portion stérile feuillue.

Lorsque les frondes sont jeunes, elles sont (*involutement*) repliées, et se déroulent graduellement durant leur période de croissance (*circinées*) rarement droites comme dans les *Ophioglosseæ*.

Les frondes, étant entièrement développées, diffèrent en dimension depuis un centimètre jusqu'à cinq ou six mètres de long, et depuis quelques millimètres jusqu'à trois ou quatre mètres de large. Elles varient aussi en forme, en contour et en texture, elles sont fournies d'un pétiole (*stipe*), ou en sont dépourvues (*sessiles*).

En décrivant les formes, contours, texture et surface des frondes de fougères, les mêmes termes sont employés que pour les plantes phanérogames.

Elles varient depuis simples jusqu'à multifides. Dans les frondes composées la première division est appelée *penne*, et lorsqu'elles sont plus d'une fois divisées, les suivantes sont appelées *pinnules* et les termes appliqués aux frondes simples sont également applicables à ces divisions. Les divisions ou branches de leurs stipes sont appelées *rachis*.

Leur texture est très différente dans le nombre des espèces, quelques-unes étant minces, membraneuses et même transparentes pendant que d'autres sont épaisses et coriaces, ou charnues, rigides ou flasques.

Les surfaces des frondes sont généralement glabres, ou pourvues de différentes sortes de poils, de glandes ou d'écailles (ces dernières ont reçu le nom de *sumenta* et sont généralement membraneuses et caduques) ou elles ont quelquefois et principalement

la surface inférieure couverte de farine blanche ou
jaune.

Les plantes appelées alliées des fougères diffèrent
entièrement de forme et de mode de croissance, de
sorte que le mot *Fronde* n'est pas applicable; mais
comme le genre *Selaginella* suit les fougères de très
près, l'on peut appliquer le mot *Frondule* aux espèces
avec des stems distincts et aux principales branches
des espèces *surculoses*.

Veines.

Dans les fougères, la disposition des veines dans
la substance de la fronde ou *venation*, ainsi qu'elle est
appelée, est de plus d'importance que dans les plantes à fleur; les caractères sur lesquels on se repose
pour distinguer les genres, dépendent plus ou moins
de la venation, et de nombreux termes leur sont appliqués. La nervure médiane des frondes simples ou
des pennes ou pinnules des frondes composées est
appelée *Costa* et se trouve dans le premier cas une
continuation des stipes, diminuant en épaisseur vers
le bout, ou disparaissant entièrement (*évanescent*) : dans
le dernier cas c'est une continuation ou branche du
rachis, avec lequel il est adhérent ou articulé.

Le costa est généralement central, mais quelquefois
excentrique ou même entièrement sur un côté (*unila-
téral*), quelquefois il n'y a aucun costa. De chaque côté
du costa les veines sont produites à plus ou moins de
distance les unes des autres, généralement égales de
chaque côté, excepté lorsque le costa est excentrique
ou que les frondes ou segments ont un axe radié.

La direction des premières ou principales veines
est, comme dans les feuilles des autres plantes, vers

les bords et le bout de la fronde ou du segment, formant un angle plus ou moins aigu ou obtus, et quelquefois presque à angle droit avec le costa.

En décrivant la venation, les mots *veines*, *veinules* et *veinelets* sont employés comme successifs, chacun d'eux étant un diminutif du précédent, *veine* étant appliqué à la première ramification de la nervure médiane, *veinules* aux branches et *veinelets* aux branches des veinules, quelques frondes n'ayant que des veines, d'autres ayant veines et veinules et enfin d'autres les ayant toutes les trois.

Ces termes sont employés quelquefois pour exprimer la différence relative de la venation, principalement lorsqu'il existe des particularités marquées.

Ainsi l'on nomme :

Élevées ou *externes* les veines qui sont facilement vues et senties à la surface inférieure de la fronde ;

Internes lorsqu'elles sont complètement enfoncées dans l'épaisseur de la fronde.

Les principales veines sont :

Costæformes lorsqu'elles sont très fortes et bien définies, ressemblant plus ou moins au costa en apparence générale ;

Non définies lorsqu'elles sont de la même grandeur et méconnaissables parmi les veinules et veinelets ;

Évanescentes lorsqu'elles disparaissent graduellement vers les bords.

L'on parle des veines comme étant :

Libres lorsque chaque veine, partant de la nervure médiane et quelles que soient ses divisions, est entièrement détachée des autres ;

Anastomosantes lorsque les veinules des veines sont jointes de quelque manière que ce soit avec la plus proche.

Un fascicule comprend une veine avec toutes ses veinules et veinelets.

Les veines libres sont :

Simples lorsque chaque veine part du costa et s'étend jusqu'au bord de la fronde sans avoir de branches;

Bifurquées lorsqu'elles sont divisées à angle aigu en deux branches, au plus, après le départ du costa.

Simplement bifurquées ou *dichotomes* lorsque la division est en deux branches;

Pinnément bifurquées lorsque les principales veines sont à peine définies et font des branches plusieurs fois l'une après l'autre et de chaque côté ;

Pinnées lorsque les principales veines partant du costa sont bien définies et produisent des veinules de chaque côté dans un ordre régulier, de manière que le fascicule présente l'apparence d'une plume ;

Radiées lorsque les veines s'étendent d'un point défini à la base de la fronde ou du segment.

La plus simple forme de venation anastomosante est lorsque les bouts des veines sont joints par une veine marginale. Dans les formes les plus compliquées on en parle comme étant *Angulairement anastomosante*, lorsque les veinules d'une veine joignent celles de la plus proche et forment un angle à leur point de jonction : lorsque l'angle est très aigu le terme *Aigument anastomosante* est employé ou quelquefois *Cathédrate ;*

Arquée-anastomosante lorsque les veinules d'une veine joignent celles de la plus proche et forment ensemble un arc ou une courbe;

Transversalement anastomosante lorsque les veinules d'une veine joignent celles de la plus proche et forment à peu près une ligne droite.

Faiblement anastomosante lorsque les veinules parallèles avec le costa, près l'une de l'autre, et jointes à de longs intervalles par des veinelets obliques et courts;

Composée anastomosante lorsque les veinules sont plus ou moins irrégulièrement attachées à la façon d'un filet et ont des veinelets dans les aréoles libres ou joignant et différemment dirigés;

Réticulée lorsque les veines, veinules et veinelets sont tous joints ensemble plus ou moins à la façon d'un filet; *uniforme* est employé eu égard à une venation réticulée lorsqu'il n'y a aucune différence apparente entre les veines, veinules et veinelets.

Les *Aréoles* sont les espaces formés par l'anastomosance des veines et sont de différentes formes et dimensions; les plus près du costa sont appelées *Aréoles costales*.

En parlant des veinules, des veines bifurquées et pinnées, on est quelquefois obligé d'indiquer une veinule ou veine particulière dans le fascicule: ainsi les:

Veinules antérieures sont celles sur le côté de la veine près du sommet de la fronde ou segment;

Veinules postérieures sont celles sur le côté opposé et plus loin du sommet.

Veinules et veinelets sont également dits:

Excurrents lorsqu'ils sont dirigés vers les bords de la fronde ou segment;

Récurrents lorsqu'ils viennent des bords; et leurs sommets sont dits:

Claviformes lorsqu'ils sont épaissis comme une massue.

Fructification.

Ce qui est généralement appelé la fructification des fougères est posé sur des points ou lignes plus ou moins régulièrement arrangés sur la surface, ou le bord inférieur des frondes, et elle est généralement d'une forme bien définie. Il y a cependant quelque variété. Par exemple dans les *Acrostichæ*, elle couvre entièrement la surface inférieure, ou se trouve en pièces irrégulières dans d'autres cas, comme dans les *Botrychium, Osmunda*, où les frondes fertiles sont très contractées, elle prend la forme d'un épi ou grappe.

Les termes employés en décrivant la fructification peuvent être classés sous quatre points principaux : 1° ceux ayant rapport au réceptacle, 2° ceux ayant rapport aux sporanges et synanges, 3° ceux ayant rapport aux sores et 4° ceux ayant rapport à l'indusie ou *Involucre*.

1° *Réceptacle.*

Les réceptacles sont les places sur lesquelles les sporanges sont posés et sont généralement des points épaissis, ou de longues portions épaissies de quelques parties de la venation.

En position le réceptacle est :

Terminal lorsqu'il est sur la pointe des veines ou de leurs branches;

Basal lorsqu'il est près du costa;

Axillaire lorsqu'il est sur un point où les veines bifurquent;

Compital lorsqu'il se trouve sur les passages angulaires ou points de confluence de deux ou même plus de deux veinules ou veinelets;

Médial lorsqu'il ne se trouve dans aucune des positions ci-dessus indiquées, mais dans des parties intermédiaires de veines des branches.

Les réceptacles sont *superficiels* ou *enfoncés* dans la substance même de la fronde, ou *élevés* au-dessus

de sa surface, et alors ils sont en colonne ou sphériques.

En forme le réceptacle est :

Punctiforme lorsqu'il est petit et ressemblant à un
point ;

Allongé lorsqu'il est long et ressemblant à une
ligne ;

Amorphe lorsqu'il n'est d'aucune forme déterminée.

2° *Sporanges*.

Les sporanges sont les organes qui contiennent
les spores reproductives et qui sont portés en amas
sur les réceptacles. Ils sont minces et transpa-
rents, ou calleux et opaques, uniloculaires et
sphériques, ovales ou piriformes généralement pédicellés, lequel pédicelle est articulé, mais quelquefois
sessiles ; ils sont pourvus d'un anneau plus ou
moins articulé (*annelés*, pl. 1, fig. 1) ou dépourvus
d'un anneau (*exannelés*, pl. 1, fig. 4). Dans les sporanges annelés l'anneau est dit :

Vertical lorsqu'il s'élève immédiatement du sommet du pédicelle (duquel il est une continuation) et
passe verticalement sur le sommet du sporange
(fig. 1).

Horizontal lorsqu'il passe horizontalement autour
du sporange, au milieu ou très près du milieu (pl. 1,
fig. 2, ou au sommet *apical*, fig. 3).

Oblique lorsqu'il n'a ni l'une ni l'autre des directions ci-dessus indiquées, mais passe autour du
sporange dans une direction intermédiaire.

Lorsque les sporanges arrivent à maturité et sous
de certaines conditions favorables, comme par
exemple la sécheresse, l'élasticité de l'anneau les

occasionne à éclater avec force et bruit suffisant pour être entendu, l'ouverture prend place à angle droit, ou à peu près, avec la direction de l'anneau. Dans les sporanges exannelés, l'ouverture prend place par une simple fente ou pore (pl. 1, fig. 4 et 5).

Synanges.

Les synanges sont formés par l'union d'un nombre plus ou moins grand de sporanges exannelés, arrangés l'un à côté de l'autre, formant une série de cellules disposées en rond, ou en deux rangs mis en une seule masse, laquelle masse reste jointe comme le montre la fig. 5, pl. 1, ou séparée longitudinalement en deux lobes ressemblant à des valves (fig. 6). Les cellules s'ouvrent pour laisser échapper les spores par une fente dans leur partie intérieure, ou par un pore à leur sommet.

Dans les Lycopodiacées et les Marsilacées, il y a deux sortes de sporanges : les uns contenant de nombreuses spores et très petites; les autres en contenant moins, mais beaucoup plus grosses.

Quelques auteurs les considèrent comme représentant deux sexes différents, et par conséquent nomment les premiers, c'est-à-dire ceux dont les spores sont petites et nombreuses, *Anthéridanges*, et les autres *Oophoridanges*.

Les plus grosses sont nommées *Corpuscules*, et il est reconnu qu'elles végètent. Quelques auteurs prétendent que les petites végètent aussi.

Dans le genre *Marsilea* les sporanges sont appelés conceptacles, parce qu'ils contiennent des vésicules libres de deux sortes; les unes contenant les petites spores *Anthéridanges*, et les autres les grosses spores *Oophoridanges*.

3° *Sores*.

Les sores sont les amas de sporanges portés
sur les réceptacles ; ils sont nus, ou pourvus de
poils et d'écailles de formes différentes, ou d'involucres membraneux, rarement coriaces, et également
ment de différentes formes (*indusies*) ; leurs formes et
positions correspondent et dépendent de celles des
réceptacles qui sont leurs fondations. Ainsi, lorsque
les réceptacles sont punctiformes, les sores sont toujours ronds ou globuleux, tandis que des réceptacles
allongés portent des sores de beaucoup de formes,
oblongs, ovales, elliptiques, arqués, linéaires, réticulés, etc.

Le sore est situé sur le bord de la fronde ou
segment ; il est dans ce cas *marginal*, un peu en
dedans des bords (*antémarginal*), entre les bords et la
nervure médiane (*intramarginal*), près de la nervure
médiane (*costal* ou *basal*) et quelquefois sur un pédicelle et surmontant légèrement les bords de la fronde
exserte ou *extrorse*.

Dans quelques cas les sores sont dispersés irrégulièrement, tandis que dans d'autres ils sont par
rangs (*en séries*) ou en lignes continues, et, lorsque ces
dernières divergent à angle droit avec la nervure
médiane, on les appelle *obliques*, et lorsqu'ils sont
parallèles avec les bords ou le costa, *transverses*.
Généralement chaque sore est distinct et bien défini ;
mais dans des cas assez nombreux les réceptacles
sont si près les uns des autres qu'un sore s'étend
dans l'autre (*confluent*) ou quelquefois les réceptacles
eux-mêmes sont joints et forment un simple sore
plus ou moins parfaitement uni, ou lorsqu'ils ne se
joignent pas tout à fait comme dans les *Cryptogramme* et *Platyloma*, un sore linéaire composé.

4° *Indusies.*

Ainsi qu'il est mentionné plus haut, les sores de quelques fougères sont nus, tandis que d'autres sont pourvus d'une espèce de couvercle auquel le nom d'*Indusie* a été donné par quelques auteurs et *Involucre* par d'autres.

Les indusies présentent beaucoup de formes bien marquées, et quoiqu'elles ne soient pas toujours constantes, fournissent souvent des caractères valables pour distinguer les genres. Il y en a trois sortes reconnaissables : *spéciale, accessoire* et *universelle.*

Indusies spéciales ou vraies indusies : sont d'une nature cellulaire membraneuse et sont produites sur des réceptacles avec lesquels elles sont attachées de différentes manières. Dans quelques cas elles ont la forme d'un disque orbiculaire, et alors elles s'élèvent du centre des réceptacles, auxquels elles sont attachées par leurs centres, leurs bords étant libres tout autour. Cette forme est appelée *peltée* ou *centrale*, fig. 7, pl. 1. Cependant le plus souvent les indusies sont attachées sur les côtés du réceptacle (*latérale*, fig. 8, pl. 1), dans ce cas leur point d'attachement est sur le côté près du costa (*intérieur*), ou sur le suivant ou sur le bord *extérieur ;* dans ce cas leurs formes varient et sont réniformes, ovales ou oblongues, ou de la longueur entière du bord de la fronde lorsqu'elles sont linéaires.

Leur surface est plate, arquée ou en forme de capuchon et leurs bords sont entiers ou différemment laciniés et frangés. A part ces deux modes d'attachement, il y a une troisième forme où les indusies sont attachées tout autour de la base du réceptacle; elles sont premièrement globuleuses et entières, mais elles finissent par s'ouvrir et prennent la forme d'une coupe (*cupuliforme*) avec le bord plus ou moins entier (fig. 9, pl. 1); quelquefois leur attachement n'est que sur la moitié du réceptacle (*semi-cupuliforme.*)

Indusies accessoires. — Quelquefois en addition aux vraies indusies, des portions des bords de la fronde sont changées en texture et en forme; lesquelles sont appelées ici indusies accessoires et qui ressemblent aux vraies indusies en apparence. Elles sont plus ou moins conniventes avec les vraies indusies, lesquelles dans ce cas sont toujours attachées sur le côté intérieur des réceptacles et les deux indusies combinées forment des rainures continues ou interrompues s'ouvrant extérieurement et contenant les sporanges (fig. 10 et 11, pl. 1).

Les *indusies universelles* se trouvent quand les segments des frondes fertiles sont contractés, et résultent simplement des bords des segments qui sont plus ou moins changés en texture et roulés intérieurement de manière à renfermer tous les sores sur le segment (fig. 12, pl. 1).

Il y a aussi une autre forme d'indusie appelée *écaille indusoïde;* cette forme ne se trouve que sur quelques variétés de la division Eremobryoïde. Dans les Pleopeltis, elle se compose de disques imbriqués, orbiculaires, peltés et brillants couvrant les sporanges; dans les Hymenolepis, elles sont très minces et membraneuses, dans les Schellalepis elles sont très irrégulières en formes et semblent être des sporanges imparfaites, leur difformité étant causée par les sporanges qui sont excessivement serrés et enfoncés; elles sont aussi trouvées dans les Tœnitis et les

Vittaria et ont reçu le nom de Paraphyses. Cependant je ne me sers pas de ce terme en décrivant ces genres; les disques orbiculaires des Pleopeltis semblent plutôt être des organes spéciaux principalement dans les variétés à feuilles glabres. J'ai maintenant expliqué les termes applicables aux principaux organes et à la structure des fougères, et j'ai fait usage de leur classification. Je crains qu'un débutant ne trouve que ce soit assez pour empêcher de commencer l'étude des fougères ; mais il devra se rappeler qu'il est aussi impossible de lire avant d'avoir appris d'abord les lettres de l'alphabet qu'il est impossible de comprendre les descriptions botaniques sans avoir appris les termes techniques qui y sont employés. Il croira encore la difficulté plus grande lorsqu'il s'apercevra que le premier point d'investigation est de savoir si la fougère qu'il a devant lui, a ou n'a pas d'anneau à ses spores-cases : car il pensera qu'un microscope est nécessaire pour déterminer ce premier point; cependant il n'en est pas ainsi, car avec l'aide d'une loupe il pourra parfaitement reconnaître la présence ou l'absence d'un anneau, et comme les fougères annelées et exannelées en culture dans nos pays, sont dans la proportion l'une à l'autre comme un est à quarante-cinq, il sera bien vite convaincu que la majorité des fougères appartient à la section annelée. Mais le meilleur moyen pour un débutant est de se procurer quelques espèces bien nommées de chaque tribu, les comparer soigneusement avec les caractères donnés ci-après, et il sera sous peu de temps capable de référer ses espèces non nommées à leurs tribus et genres respectifs.

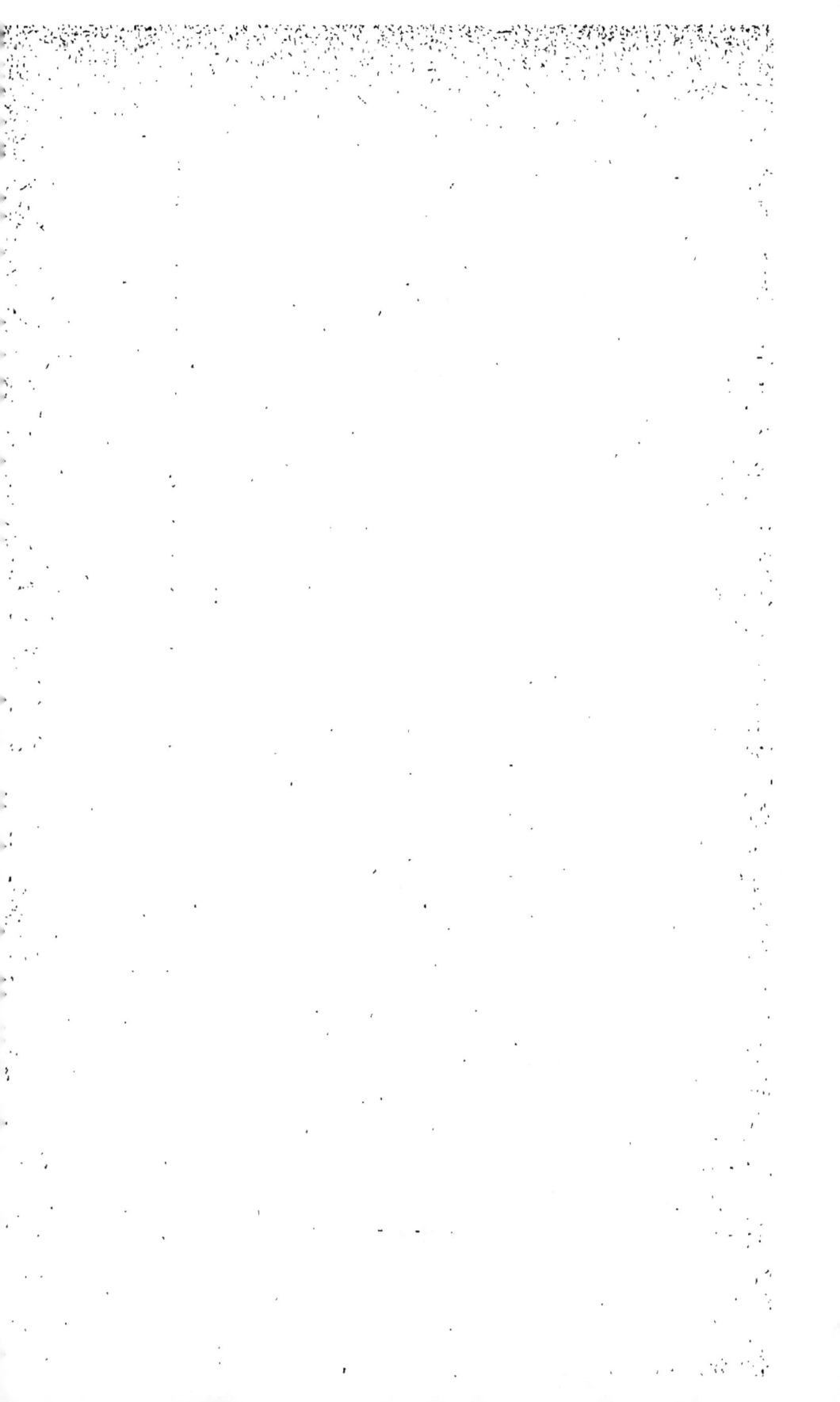

DEUXIÈME PARTIE

CLASSIFICATION

1er SOUS-ORDRE. — Gleicheniaceæ, Br.

Sore dorsal de 2-10 capsules. Sporange s'ouvrant verticalement, entouré par un anneau complet, large

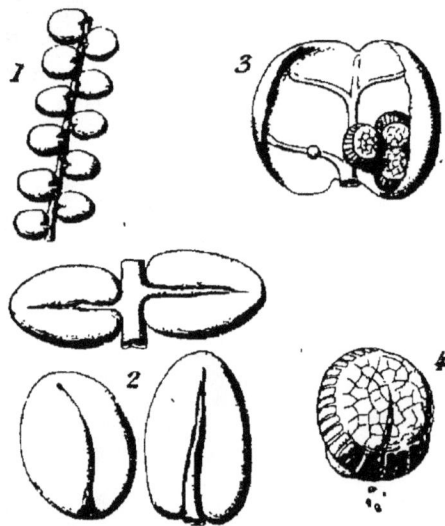

Fig. 1. — Platyzoma.

1, portion de fronde; 2, pennes vues en dessous; 3, penne fertile ouverte montrant les veines et un sore; 4, sporange.

et transversal. Stem presque toujours rampant. Stipe souvent dichotome. Frondes rigides, généralement grandes et dichotomes portant fréquemment des réjetons axillaires. Vernation circinée.

1ᵉʳ GENRE. — **Platyzoma** Br.

Sore composé d'un petit nombre de sporanges (mêlés avec une substance pulvérulente) s'élevant du sommet de simples veinelets et caché par les bords des pennes.

Stem rampant paléacé. Stipes en touffes. Frondes de 15 à 30 centimètres de long avec des pennes cuculliformes, petites, coriaces, à peine 2 ou 3 millimètres.

2ᵉ GENRE. — **Gleichenia** Sm.

a) Sores d'un petit nombre de sporanges sessiles (2-4 rarement 5-10), situés sur un veinelet extérieur.

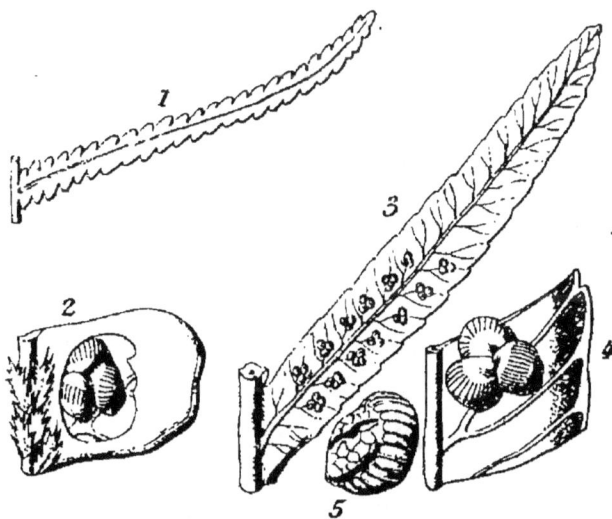

Fig. 2. — Gleichenia.

1, Engleichenia, penne; 2, sore du même; 3, Mertensia; 4, sore du même; 5, sporange.

Stem rampant pour la plupart. Frondes rarement sans branches, généralement bifurquées aux aisselles. Pennes profondément pinnatifides avec les segments petits et concaves, sub-orbiculaires ou pectinés avec les lobes allongés.

b) **Mertensia**. — Sores placés à peu près au milieu des veinelets ou à leur bifurcation; penne supérieure pectinée, segments linéaires ou oblongs, rarement sub-ovales, beaucoup plus longs que dans la section précédente. Stipes fourchus ou devenant prolifères et pinnés par le développement d'une bulbille axillaire, pennes longues et pinnées, pinnules profondément pinnatifides.

2ᵉ SOUS-ORDRE. — Polypodiaceæ.

Sore dorsal ou marginal, composé de beaucoup de sporanges, avec ou sans indusie, généralement pédicellés, entourés plus ou moins complètement par un anneau élastique éclatant transversalement (excepté dans les Hymenophylleæ).

1ᵗᵉ Tribu : **Cyatheæ**. — Sore dorsal, globuleux, souvent placé à la bifurcation d'une veine ou très près. Sporanges nombreux, souvent très compacts, sessiles ou pédicellés, généralement sur un réceptacle élevé, souvent entremêlés de poils et ayant un anneau élastique, grand, vertical ou presque oblique. Indusie (manquant dans les Alsophila) inférieure renfermant le sore, latéral et ressemblant à une écaille au-dessous du sore, ou cupuliforme, souvent dans la jeunesse enveloppant le sore, quelquefois s'ouvrant au sommet, ou cassant en bas avec un bord plus ou moins régulier. Stem presque toujours arborescent. Cette tribu est tropicale ou sub-tropicale.

3ᵉ GENRE. — **Thyrsopteris** Kze.

Sores globuleux, marginaux, rassemblés en une panicule distincte des pennes stériles. Sporanges sessiles, sur un réceptacle globuleux. Indusie inférieure, cupuliforme. Frondes décomposées, portions stériles bipinnées, avec des pinnules incisées et lancéolées,

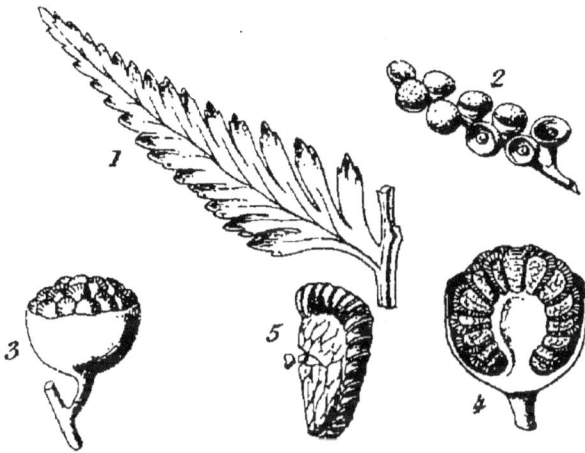

Fig. 3. — Thyrsopteris.
1, pinnule stérile; 2, pinnule fertile; 4, sore et indusie; 4, les mêmes coupés verticalement; 5, sporange.

les portions fertiles sont tripinnées, desquelles chaque pinnule devient un racème d'indusies pourvues de pédicelles.

Ce genre ne comprend qu'une seule espèce, trouvée à Juan-Fernandez et très rare.

4° GENRE. — **Cyathea**, Sm.

Sore sur une veine ou dans l'aisselle de la bifurcation d'une veine. Réceptacle élevé, globuleux ou allongé. Indusie inférieure, globuleuse, couvrant le sore tout entier, cassant ensuite au sommet, et formant une coupe plus ou moins persistante, égale ou inégale sur le bord. Ce genre est tropical ou sub-tropical et ne contient que des espèces arborescentes.

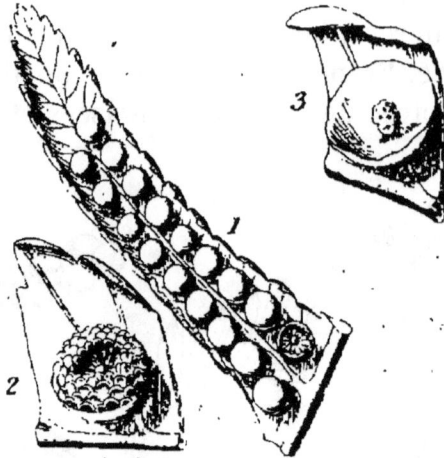

Fig. 4. — Cyathea.
1, Pinnule fertile; 2, sore et indusie; 3, indusie
dont les sporanges sont tombés.

Stipes souvent aiguillonnés. Frondes simples ou pinnées ou multifides.

5ᵉ GENRE. — **Hemitelia** Br.

a), Sore globuleux, dorsal sur une veine ou sur un veinelet. Réceptacle élevé. Indusie en forme d'écaille et située sous le sore, variant en forme, en grandeur et en texture, souvent indistincte et quelquefois très visible. La plupart des espèces sont tropicales et arborescentes avec le port des Cyathea, qui du reste forment un trait d'union entre les genres Cyathea et Alsophila et, par conséquent, deviennent souvent difficiles à reconnaître. Frondes amples, pinnées ou décomposées. Veines pinnées, simples ou bifurquées, libres, ou ayant les veines costales plus ou moins anastomosantes.

b) **Amphicosmia.** — Veines toutes libres.

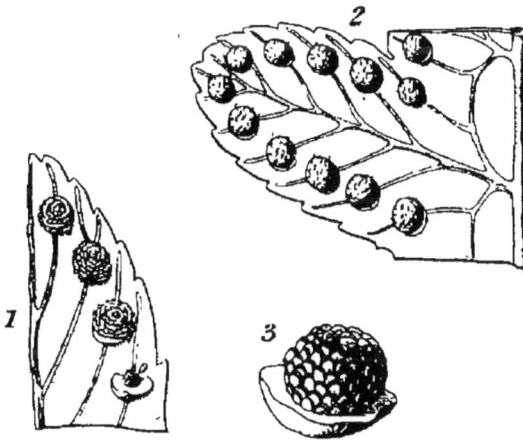

Fig. 5. — Hemitelia.

1, Amphicosmia, portion de fronde ; 2, Euhemitelia, portion de fronde ; 3, sore et indusie.

6ᵉ GENRE. — **Alsophila** Br.

Sore globuleux, dorsal, sur une veine ou à la bi-

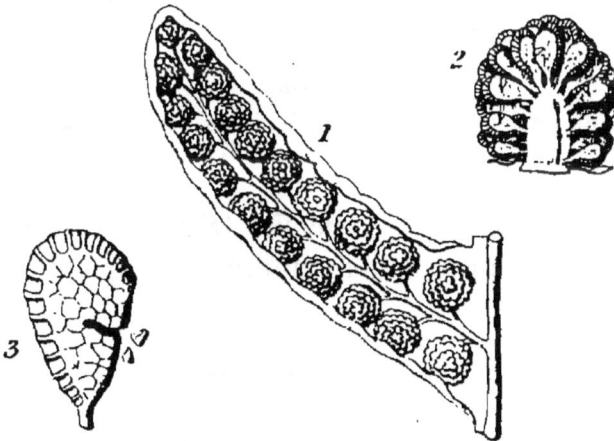

Fig. 6. — Alsophila.

1, segment fertile; 2, sore coupé verticalement; 3, sporange.

furcation d'une veine. Réceptacle presque toujours

élevé, fréquemment villeux. Ce genre est arborescent et en grande partie tropical avec le port des Cyathea et Hemitelia, mais il est dépourvu d'indusie. Veines libres, simples ou bifurquées.

7° GENRE. — **Diacalpe** Br.

Sore globuleux. Réceptacle petit, à peine élevé. Indusie inférieure, globuleuse, membraneuse, co-

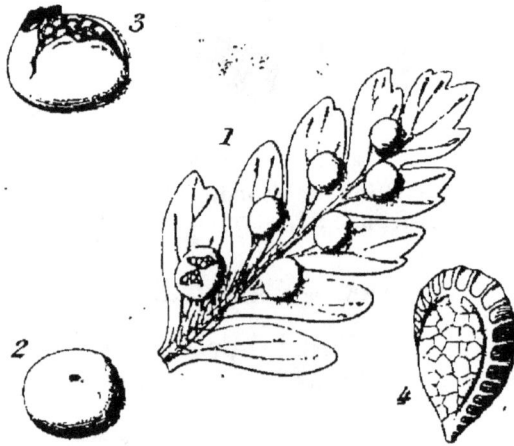

Fig. 7. — Diacalpe.
1, pinnule fertile ; 2, sore avec l'indusie parfaite ; 3, le même avec l'indusie s'ouvrant ; 4, sporange.

riace, entière, éclatant ensuite très irrégulièrement au sommet. Sporanges nombreux, presque sessiles, anneau grand.

8° GENRE. — **Matonia** Bl.

Réceptacle se joignant avec l'Indusie qui se trouve stipitée, membraneuse, coriace, avec 6 lobes indistincts, et qui s'étend en forme de parapluie et recouvre 6 sporanges gros, sessiles. Veines bifurquées, libres, excepté celles environnant le sore qui sont réticulées. Ce genre, qui ne comprend jusqu'à jour qu'une seule espèce native de Bornéo et Mont-Ophir, n'est pas arborescent: c'est une des plus rares et des plus belles fougères.

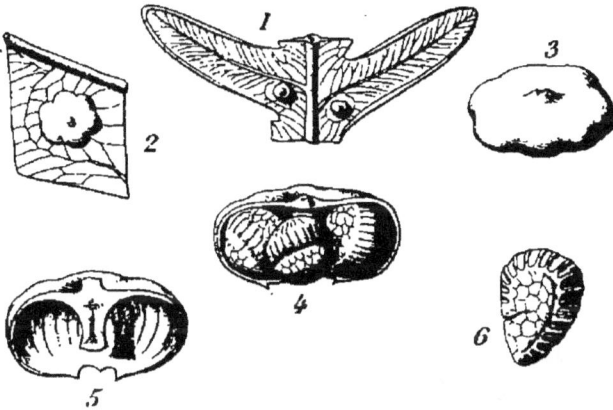

Fig. 8. — Matonia.

1, segments avec deux sores ; 2, sore recouvert de l'indusie ; 3, le même grossi et détaché de la fronde ; 4, indusie ouverte montrant le sore ; 5, la même avec le sore retiré ; 6, sporange.

2e TRIBU : **Dicksonieæ** (excluant Hymenophylleæ). — Sore globuleux, dorsal, ou au sommet d'une veine. Indusie inférieure subglobuleuse, libre, quelquefois couvrant le sore entier, fermée, et par la suite éclatant irrégulièrement, plus fréquemment-cupuliforme, entière ou avec 2 lèvres. Stem rarement arborescent. Venation libre ou anastomosante.

9° GENRE. — **Onoclea** L. Sw. Mett. Hk.

Sore dorsal, globuleux, sur les veines des pennes de la fronde fertile qui est contractée et changée, les sores sont entièrement cachés par les bords roulés de la fronde. Indusie très mince, finement membraneuse, hémisphérique ou semi-cupuliforme, s'élevant

du côté inférieur du sore, ou manquant complètement. Stem erect. ou rampant. Frondes stipitées,
dimorphes, pinnées ou pinnatifides, avec des veines
libres ou anastomosantes. Fougères herbacées des
climats froids ou tempérés.

a) **Euonoclea.** — Frondes fertiles bipinnées; pinnules récurvato-globuleuses. Indusie, une pellicule

Fig. 9. — Onoclea.

1 et 2, segments stériles d'Euonoclea; 3, pennes fertiles du
même; 4, simple pinnule renfermant les sores et indusies
(le sous-genre Struthiopteris a une venation libre).

globuleuse éclatant au sommet. Veines des frondes
stériles copieusement anastomosantes.

b) **Struthiopteris.** — Frondes fertiles, pinnées;
pennes toruleuses ou aplaties; veines toutes libres
et pinnées. Indusie sub-hémisphérique, très fugace.

10ᵉ GENRE. — **Hypoderris** Br.

Sores subglobuleux, en lignes ou en séries parallèles avec les secondes veines. Indusie calyciforme,
finement membraneuse, fimbriée aux bords. Fronde
simple, sub-cordato-hastée. membraneuse, veines

-costæformes, alternato-flexueuses. Veinelets copieusement anastomosants.

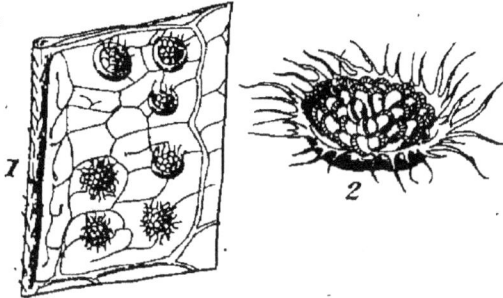

Fig. 10. — Hypoderris.
1, portion de fronde fertile; 2, sore et indusie.

11ᵉ GENRE. — **Woodsia** Br.

Sore globuleux. Indusie inférieure délicatement
membraneuse, primitivement calyciforme ou plus ou

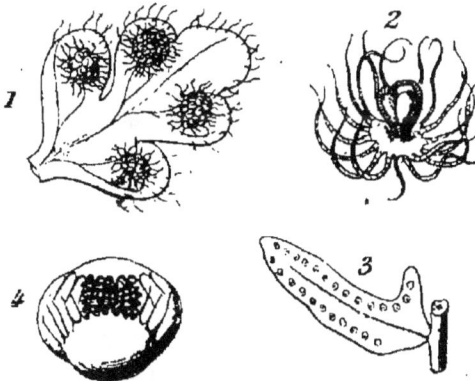

Fig. 11. — Woodsia.
1, Euwoodsia, portion de fronde; 2, indusie; 3, Physematium,
pinnule; 4, sore et indusie du même.

moins globuleuse, et quelquefois renfermant le sore,
s'ouvrant ensuite au sommet, avec les bords irrégu-
liers, lobés ou frangés. Petites fougères herbacées

des climats froids ou tempérés, très touffues. Stipes souvent articulés se détachant à l'articulation.

a) **Euwoodsia**. — Indusie plus petite que le sore, mais cillée, et dont les cils s'étendent au delà du sore.

b) **Physematium**. — Indusie plus large que le sore, mais non ciliée.

12ᵉ GENRE. — Sphæropteris WALD.

Sore globuleux, sur le dos d'une veine ou d'un veinelet. Réceptacle grand. Indusie inférieure, glo-

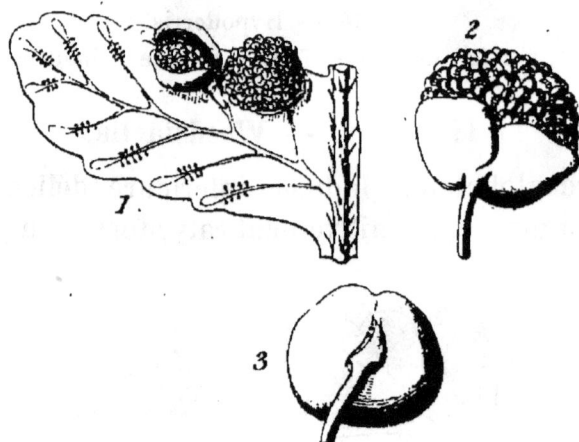

Fig. 12. — Sphæropteris.
1, pinnule fertile ; 2, sore et indusie stipitée; 3, les mêmes vus en dessous.

buleuse, coriace, stipitée, entourant primitivement le sore entier, éclatant ensuite verticalement en 2 lobes ou lèvres.

13ᵉ GENRE. — Dicksonia L'HÉRIT.

Sore placé au sommet d'une veine intra-marginale. Indusie inférieure, subglobuleuse, coriace ou membraneuse, cupuliforme et entière, ou plus ou moins

distinctement bi-valvée. Veines toutes libres. Environ la moitié des espèces sont arborescentes avec de
grandes frondes décomposées et coriaces, les autres
ont des rhizomes rampants, et à part deux excep-
tions sont entièrement bipennées. Elles habitent
principalement l'Amérique tropicale et la Polynésie;
mais une espèce s'étend au Nord jusqu'au Canada et

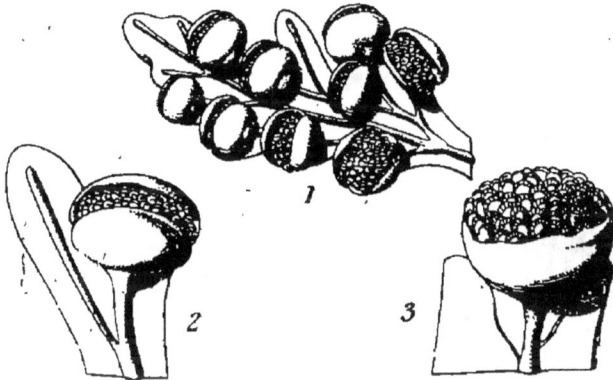

Fig. 13. — Dicksonia.

1, et 2; Dicksonia et Balantium (portions de frondes montrant
les sores et les indusies); 3, Patania, sore et indusie.

plusieurs autres sont dispersées dans les parties sud
des zones tempérées.

  a) **Cibotium** *Kaulf.* — Indusie distinctement bi-
valvée, la valve intérieure est coriace et distincte de
la substance de la fronde.

  b) **Eudicksonia**. —Indusie distinctement bi-valvée;
la valve extérieure est formée par le sommet d'un
segment.

  c) **Patania** *Presl.* **Dennstœdia**, *Bernh.*, *Moore*. —
Indusie cupuliforme, point ou très indistinctement
bivalvée.

  Balantium *Kaulf.*, *J. Sm.*, se trouve placé avec les
Eudicksonia.

14° GENRE. — **Deparia** HOOK ET GREV.

Sore s'élevant des bords de la fronde ou même stipité. Indusie en forme de coupe peu profonde, membraneuse, n'est pas bi-valvée. L'on ne connaît jusqu'à ce jour que cinq espèces tropicales et très rares, avec des segments amples, feuillus, et qui ne diffèrent des Dennstœdia que par leurs sores extra-

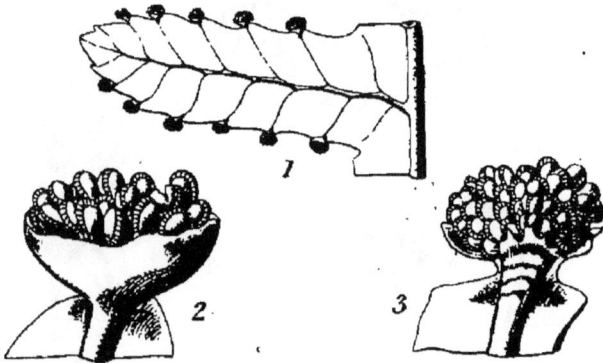

Fig. 14. — Deparia.
1, segment fertile; 2, sore et indusie; 3, les mêmes coupés verticalement.

marginaux. Veines anastomosantes dans une seule espèce (**Cionidium** *Moore*.)

3° TRIBU : **Hymenophylleæ** (*Loxosoma inclus*). — Sore terminal ou marginal au sommet d'une veine. Réceptacle allongé, souvent filiforme et long, plus ou moins élevé, pourvu principalement en bas de sporanges sessiles, orbiculaires, imbriqués, subpeltés et compressés, entourés par un anneau transversal complet, s'ouvrant verticalement. Indusie inférieure de forme variable généralement de même texture que la fronde.

Fougères petites, souvent épiphytes, herbacéo-
membraneuses différemment costées et veinées,
Stem fréquemment rampant, très allongé et filiforme.
(Dans le genre Loxsoma le sporange est subpédicellé
et l'anneau est incomplet, les frondes sont coriaces.)

15ᵉ GENRE. — Loxsoma Br.

Sore marginal placé dans le sinus des lobes, incli-
né et terminant une veine. Indusie suburcéolée,
coriace, dont l'ouverture est tronquée, entière.
Réceptacle allongé, très élevé, pourvu jusqu'au som-

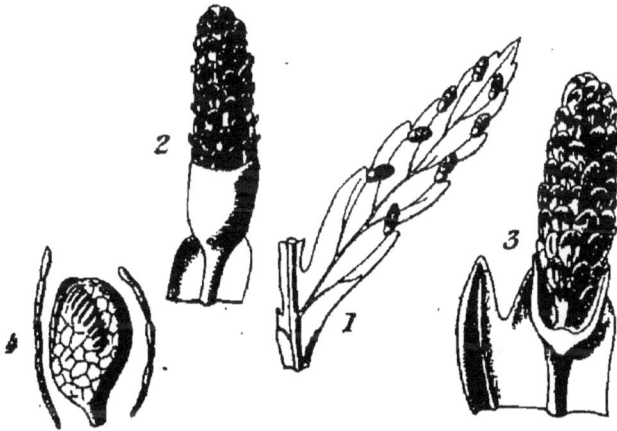

Fig. 15. — Loxsoma.
1, segment fertile; 2, sore et indusie; 3, les mêmes coupés
verticalement; 4, sporanges et poils qui sont entremêlés
avec les sporanges.

met de sporanges stipités, entremêlés de poils articulés, et qui ont un anneau oblique, court et
incomplet, s'ouvrant verticalement. Stem long et
vigoureux, rampant, paléacé. Frondes longuement
stipitées, coriaces, décomposées, glauques en dessous. Veines simples ou bifurquées.

16ᵉ GENRE. — **Hymenophyllum** LINN.

Sore marginal, plus ou moins enfoncé dans la fronde; élevé au-dessus des bords, terminant le costa ou une veine. Indusie inférieure plus ou moins profondément bi-labiée ou bi-valvée, à peu près de la même texture que la fronde; frangée, dentée ou

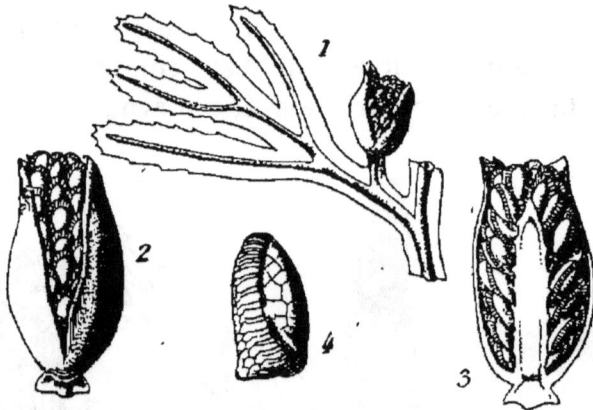

Fig. 16. — Hymenophyllum.
1, portion de fronde fertile; 2, sore et indusie; 3, les mêmes coupés verticalement; 4, sporange.

entière. Réceptacle allongé en colonne, inclus ou saillant. Sporanges pour la plupart orbiculaires, déprimés, attachés par le centre, pourvus d'un large anneau transversal s'ouvrant irrégulièrement au sommet.

Fougères petites, ou même très petites, des climats tropicaux et tempérés, fréquentant le tour des arbres et les rochers humides, les frondes sont délicatement membraneuses en texture, souvent d'un vert olive ou sombre, simples ou composées, costées ou avec des veines simples ou bifurquées, jamais anastomosantes.

17e GENRE. — **Trichomanes** SMITH.

Sore marginal, terminant toujours une veine, et plus ou moins enfoncé dans la fronde. Indusie monophylle, tubuleuse, d'une texture très proche de celle de la fronde elle-même et dont l'ouverture est tronquée ou ailée ou légèrement bi-labiée. Récep-

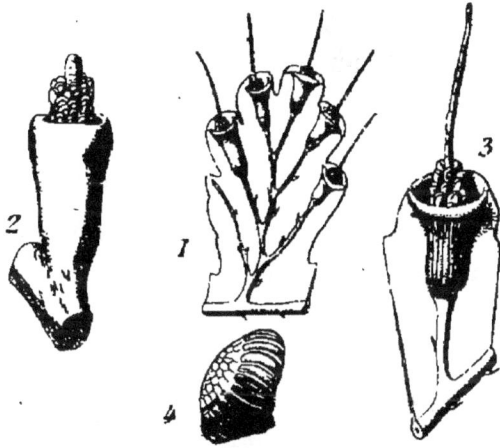

Fig. 17. — Trichomanes.
1, portion de fronde fertile; 2 et 3, sores, indusies et réceptacle;
4, sporange.

tacle filiforme, allongé, souvent considérablement saillant au-dessus de l'orifice de l'indusie. Sporanges sessiles, déprimés, entourés par un anneau entier, large, à peu près transversal, éclatant verticalement.

Les fougères de ce genre s'accordent avec le précédent par leur mode de végétation et délicatesse de texture; il n'y a que les caractères fournis par la forme de l'indusie qui séparent une tribu réelle en deux moitiés à peu près égales. La situation géographique des espèces est également semblable.

a) **Feea**. — Frondes fertiles différentes des sté-riles, les fertiles se composant d'un épi distique et étroit.

b) **Eutrichomanes**. — Frondes fertiles et stériles semblables ou à peu près. Sores jamais en épis.

4ᵉ Tribu : **Davallieæ**. — Sore marginal ou sub-marginal presque rond, couvert par une indusie squamiforme, ou sub-orbiculaire, ou réniforme, la-quelle est ouverte au sommet, largement attachée à sa base et ouverte ou libre à ses côtés.

18ᵉ Genre. — **Davallia** Smith.

Sores intra ou sub-marginaux, globuleux ou al-longés latéralement ou verticalement. Indusie ter-

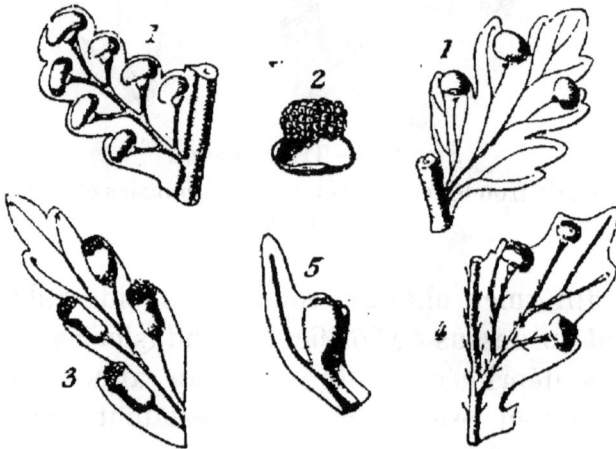

Fig. 18. — Davallia.
1, Humata; 2, sore avec l'indusie renversée en arrière; 3, Eu-davallia; 4, Microlepia; 5, Loxoscaphe.

minant une veine, variant en forme, unie ou libre à ses côtés, le sommet étant toujours libre. Sporanges pédicellés. Ce genre est grand et a son quartier général aux tropiques de l'ancien monde. Frondes variables de grandeur et de division, herbacées ou coriaces ; veines toujours libres ; rhizome généralement rampant et squameux. Il y a quatre principaux types dans la forme de l'indusie (voyez planche ci-dessus) par lesquels *Microlepia* allie *Eudavallia* avec *Dicksonia* et *Odontoloma* avec *Lindsaya*.

a) **Humata** *Cav.* — Indusie ample, coriace, sub-orbiculaire ou réniforme attachée par une large base, le sommet et les côtés libres. Frondes coriaces, généralement deltoïdes de 5 à 10 ou 12 cent. de long, plus ou moins distinctement dimorphes, les stériles à peine plus d'une fois pinnatifides. Toutes plantes des îles Malaises, une espèce va jusqu'à l'Himalaya et l'île Maurice.

b) **Leucostegia**. — Indusie attachée comme les Humata, mais plus petite, plus étroite et plus mince, Pinnules uniformes des deux côtés. Fronde variant en dimension et en texture et avec une exception tri- ou quadripinnatifides ou pinnées, habitant pour la plupart la Polynésie et l'Asie tropicale, plusieurs s'étendant jusqu'aux chaînes de l'Himalaya, d'autres jusqu'à la Nouvelle-Zélande, mais pas une à l'Afrique ou à l'Amérique. Le genre Acrophorus de Moore comprend les Leucostegia et Odontoloma.

c) **Odontoloma**. — Indusie comme les Leucostegia, mais avec une tendance à devenir confluente et avec les pinnules pellucido-herbacées en texture, dimidiées et ressemblant à un quart de cercle. Ce groupe est petit et se rapproche beaucoup du genre Lindsaya. Toutes les espèces, sauf une, habitent le sud-ouest de l'Asie et la Polynésie, une étant sud-américaine et l'autre de l'île Maurice.

d) **Endavallia**. — Indusie coriace semi-cylindrique

ou semi-cupuliforme, attachée aux côtés aussi bien qu'à la base.

+ **Prosaptia** *Presl.* — Habitus de Lomaria spicant. Indusie tout à fait homogène à la texture de la fronde.

++ **Scyphularia** *Fée.* — Frondes une fois pinnées, de peu de segments linéaires, à peu près entiers, de 5 à 10 cent. de long sur 1 cent. environ de large

e) **Microlepia.** — Indusie membraneuse, peu profondément semi-cupuliforme attachée aux côtés ainsi qu'à la base. Fronde très variable en dimensions, texture et coupe. Ce sous-genre a son quartier général dans le sud-est de l'Asie et la Polynésie. Quatre espèces sont Américaines et une Africaine, Différant aussi des Humata Eudavallia et Leucostegia par ses frondes dont la base est continue avec le stem et par conséquent rentre dans la division (*Desmobrya*), classification de J. Smith.

f) **Loxoscaphe** *Moore.* — Indusie formant une espèce de poche compressée, sub-orbiculaire ou cupuliforme, sur le bord des segments et qui n'est ouverte qu'au sommet. Frondes toutes décomposées avec les segments supérieurs linéaires. Ce groupe ressemble en apparence aux *Darea*, mais en diffère essentiellement par sa fructification.

g) **Stenoloma** *Fée.* — Indusie comme les Loxoscaphes, mais terminale sur les segments. Frondes très variables en dimensions, mais avec les segments supérieurs toujours cunéiformes, devenant graduellement plus larges de la base au sommet. Dispersé partout aux tropiques, ce groupe va avec les Microlepia dans la section Desmobrya de J. Smith, Odontosoria J. Smith.

19ᵉ GENRE. — **Cystopteris** BERNH.

Sores globuleux placés sur le dos des veines. Indusie membraneuse sub-orbiculaire, insérée sous le sore par une large base, et qu'elle recouvre au commencement comme d'un capuchon. Frondes petites, deux ou trois fois divisées, d'une texture mince, veines libres. Ce genre est allié aux Woodsia et Mi-

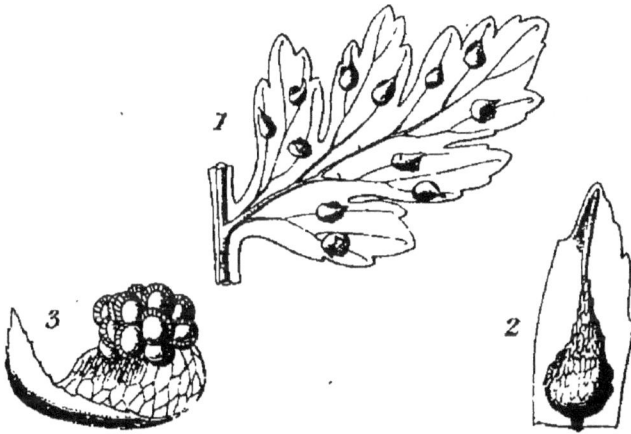

Fig. 19. — Cystopteris.

1, pinnule fertile; 2, sore recouvert de l'indusie; 3, sore avec l'indusie renversée en arrière.

crolepia, et il est exceptionnel entre les fougères par sa situation géographique, ayant ses quartiers généraux dans les zones tempérées des deux hémisphères.

5ᵉ TRIBU : **Lindsayæ**. — Sores placés en lignes sur le bord ou très près du bord de la fronde, recouverts d'une indusie dont la valve intérieure est membraneuse, et l'extérieure (caduque dans les *Dictyoxiphum*) est formée des bords de la fronde.

20ᵉ GENRE. — **Lindsaya** DRYAND.

Sores marginaux ou submarginaux placés au sommet de deux ou plusieurs veines et les réunissant. Indusie double s'ouvrant extérieurement, la valve intérieure membraneuse, l'extérieure formée des

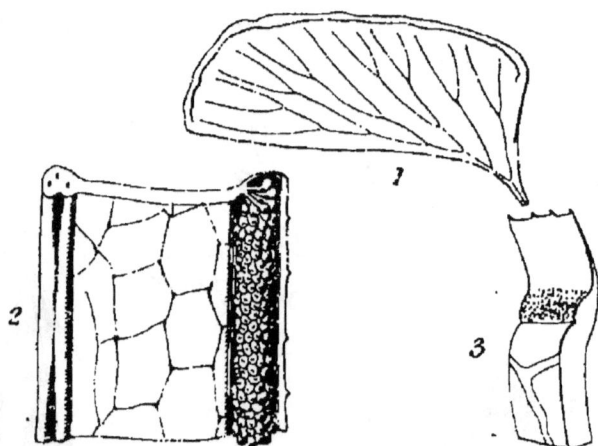

Fig. 20. — Lindsaya. — Fig. 20 *bis.* — Dictyoxiphium
1, Eulindsaya ; 2, Dictyoxiphium, sore repoussé en arrière pour montrer la valve principale de l'indusie ; 3, petite portion du même avec le sore retiré.

bords plus ou moins changés de la fronde (à peine changés dans les Diellia et quelques autres espèces). Ce genre est modérément étendu et peu d'espèces croissent au delà des tropiques ; la plupart des espèces ont leurs pennes dimidiées, pellucido-herbacées ou coriaces et se rapprochent de la forme d'un quart de cercle.

a) **Eulindsaya**. — Pennes unilatérales, veines libres. Cette section est bien marquée, avec l'habitus des Adiantum et des frondes souvent pellucides. Son quartier général est dans l'Amérique tropicale, l'Asie

et la Polynésie, mais il rejoint l'île Maurice, le Japon
et l'Australie.

b) **Isoloma** *J. Smith.* — Pennes équilatérales,
veines libres. Comme habitus et texture, les plantes
de cette section ressemblent plutôt aux Pteris qu'aux
Adiantum, et les espèces dont les pennes sont cunéiformes se joignent de très près aux Stenoloma.

c) **Synaphlebium** *J. Smith.* — Pennes unilatérales
Veines plus ou moins anastomosantes. Ne diffère
des Eulindsaya que par ses veines anastomosantes.

d) **Schizoloma** *Gaud.* — Pennes équilatérales
Veines plus ou moins anastomosantes. Frondes entières ou simplement pinnées, non pellucides.

e) **Dieillia** *Brack.* — Sore pas tout à fait marginal,
oblong-transversal ou linéaire, la valve extérieure de
l'indusie membraneuse semblable de forme au sore.

GENRE 20 *bis*. — **Dictyoxiphium** HOOK.

Sore marginal, continu. Indusie de même forme
que les Lyndsaya, mais dont la valve extérieure est
caduque. Ce genre ne contient qu'une seule espèce
de vénation anastomosante et veinelets libres et inclus dans les auréoles. Lorsque l'indusie est roulée sur
le sore, l'on croirait ce dernier placé sur la surface supérieure de la fronde. **Amphiblestra simplex** *Fourn.*

6ᵉ TRIBU : **Pterideæ**. — Sore marginal oblong ou
linéaire. Indusie de la même forme que le sore,
formée par une portion de fronde réfléchie et plus ou
moins changée, s'ouvrant intérieurement.

21ᵉ GENRE. — **Adiantum** L.

Sores marginaux, variant en forme de globuleux à
linéaires, généralement nombreux et distincts, quel-

quefois confluents et continus. Indusie de même
forme que le sore, formée par le bord replié de la
fronde et portant les sporanges en dessous. Ce genre
qui est grand, a son quartier général dans l'Amérique tropicale; la plupart des espèces sont à première vue reconnaissables de toutes les autres fougères, excepté des Lindsayæ, en raison de leur
texture et de la section médiane de leurs segments.
Un groupe a des segments flabellato-cunéiformes,

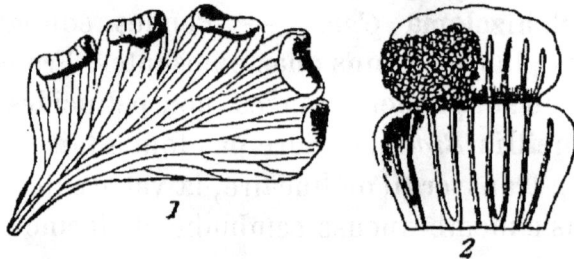

Fig. 21. — Adiantum.

1, Adiantum, pinnule fertile, dans quelques espèces (très peu)
la venation est anastomosante; 2, indusie repoussée en arrière pour montrer le sore situé sur l'indusie.

mais toujours sans nervure médiane distincte;
quelques espèces ont des segments équilatéraux et
se rapprochent par leur port des Pteris et Schizoloma. Les veines ne sont anastomosantes que dans
quatre espèces sur soixante.

a) **Euadiantum.** — Veines non anastomosantes.

b) **Hewardia** *J. Smith.* — Veines anastomosantes.

22ᵉ GENRE. — **Ochropteris** J. Sм.

Sore marginal, oblong-transversal, occupant le
sommet des lobes des segments. Indusie de même
forme que le sore, formée des bords réfléchis de la
fronde avec laquelle elle coïncide en texture et couver-

ture du sore. Ce genre ne contient qu'une seule espèce dont les veines sont libres, avec la texture et le

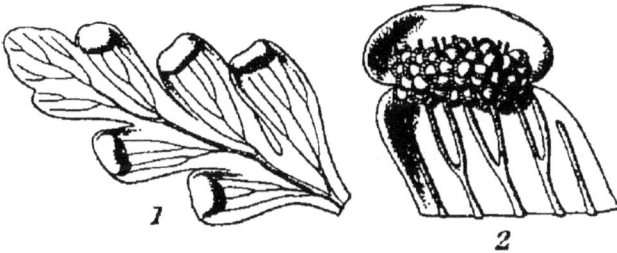

Fig. 22. — Ochropteris.
1, portion de fronde fertile ; 2, indusie repoussée en arrière
pour montrer la situation du sore sur l'indusie.

facies d'un ample Davallia à frondes décomposées.
Originaire de l'île Maurice.

23ᵉ GENRE. — Lonchitis LINN.

Sore marginal, placé dans les sinus des frondes,
plus ou moins indistinctement uniforme, mais sou-

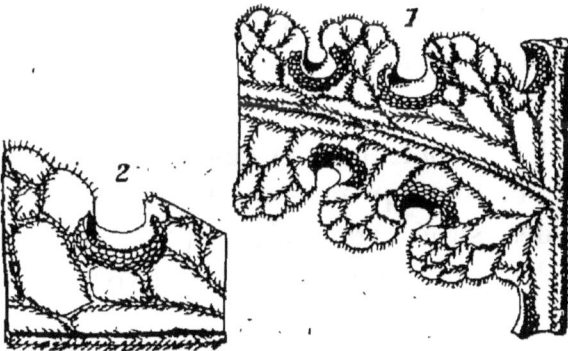

Fig. 23. — Lonchitis.
1, portion de fronde fertile ; 2, un sore marginal.

vent considérablement allongé. Indusie de même
forme que le sore et le couvrant, de texture membraneuse, formée par les bords réfléchis de la fronde.

Ce genre est uni par Mettenius avec les Pteris, desquels il ne diffère que par la position des sores.

24e GENRE. — **Hypolepis** Bernh.

Sore marginal, placé ordinairement dans les sinus de la fronde, petit, subglobuleux, uniforme et distinct. Indusie de même forme que le sore et le recouvrant, de texture membraneuse, formée des

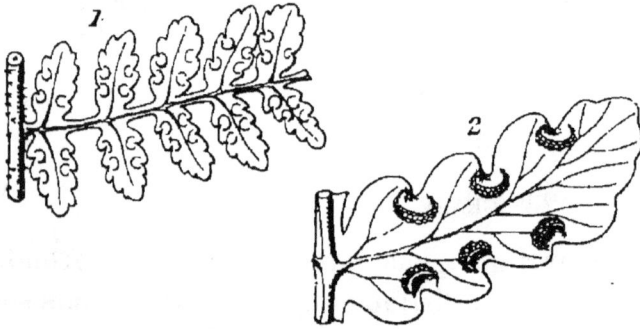

Fig. 24. — Hypolepis.
1, portion de fronde fertile ; 2, une pinnule avec des sores.

bords repliés de la fronde. Ce genre ne semble intelligible et distinct qu'en étant limité aux espèces qui ont des sores égaux, presque ronds, placés dans les sinus des dernières divisions de la fronde.

a) **Euhypolepis.** — Rhizome largement rampant, frondes amples, tri- ou quadripinnatifides.

b) **Aspidotis** *Nuttall.* — Frondes petites, très touffues. Ne contient qu'une espèce qui habite la Californie et qui ressemble en apparence aux Cheilanthes finement divisés (*C. tenuifolia*, etc.)

25e GENRE. — **Cheilanthes** SWARTZ.

Sore terminal ou à peu près sur les veines, d'abord petit, subglobuleux, devenant ensuite plus ou moins confluent.

Indusie formée par les bords recourbés et changés de la fronde, presque ronde et distincte, ou plus ou moins confluente, mais non tout à fait continue. Ce genre est considérable, et beaucoup d'espèces s'éten-

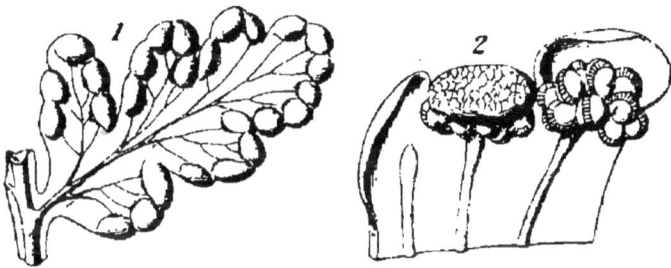

Fig. 25. — Cheilanthes.
1, penne fertile ; 2, portion de la même avec une indusie relevée.

dent au delà des tropiques ; les frondes ont pour la plupart moins de 30 centimètres de long, souvent moins de 10 à 12 centimètres tri- ou quadripinnatifides, de texture subcoriace. Veines libres dans toutes les espèces. *Adiantopsis* diffère d'*Hypolepis* par le port et la position des sores, et *Eucheilanthes* diffère des *Pellæa* et *Pteris* par ses indusies plus ou moins interrompues. Il est difficile de tirer une ligne entre *Cheilanthes* et *Notochlæna*, ce dernier étant le genre correspondant, mais dépourvu d'indusie.

a) **Adiantopsis** *Fée*. — Indusie distincte, presque ronde, placée au sommet d'un simple veinelet.

b) **Eucheilanthes**. — Indusie plus ou moins confluente ; frondes non poudrées en dessous, segments plus larges et plus plats que les *Physapteris.*

c) **Physapteris** *Presl. Myriopteris* Fée.) — Indusie confluente, segments supérieurs très petits, ressemblant aux grains d'un chapelet.

d) **Aleuritopteris** *Fée.* — Indusie plus ou moins confluente, frondes couvertes en dessous de poudre blanche ou jaune.

26ᵉ GENRE. — **Cassebeera** KAULF.

Sore terminal sur les veines, subglobuleux ou oblong, ne dépassant pas les branches d'une seule

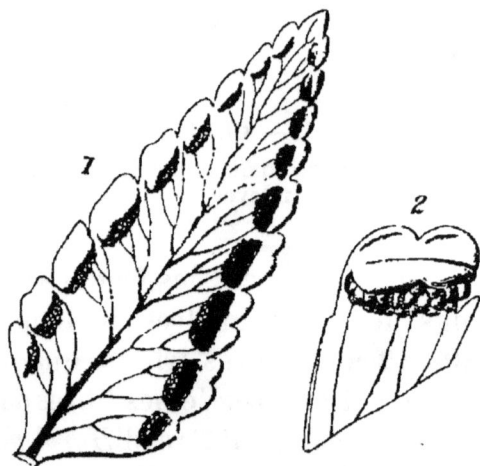

Fig. 26. — Cassebeera.
1, penne fertile ; 2, portion de la même avec un sore.

veine. Indusie insérée distinctement au-dessous des bords de la fronde et séparée de ces bords, de la même forme que le sore et pressée dessus. Ce genre ne contient que trois espèces brésiliennes.

27ᵉ GENRE. — **Onychium** KAULF.

Sores placés sur un réceptacle linéaire, continu et
qui relie les sommets de plusieurs veines. *Indusie* parallèle avec les bords des segments, linéaire, opposée,
pressée sur les sores et atteignant presque ou entiè-

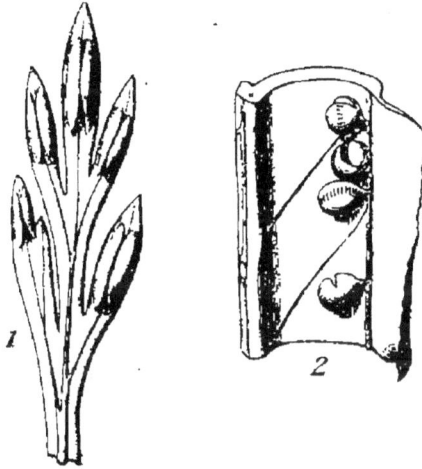

Fig. 27. — Onychium.
1, segment fertile; 2, portion du même avec l'indusie relevée.

rement la nervure médiane. Ce genre est uni par
Mettenius aux Pteris, desquels il diffère plus par la
coupe de la fronde et par ses segments supérieurs,
petits et étroits, que par la fructification proprement
dite.

28ᵉ GENRE. — **Llavea** LAGAS.

Sores linéaires, occupant la longueur totale de segments contractés en forme de gousse sur la partie
supérieure de la fronde. Indusie de même forme que
les sores, roulée dessus et les cachant complètement :
Ceratodactylis J. Sm. Mett.

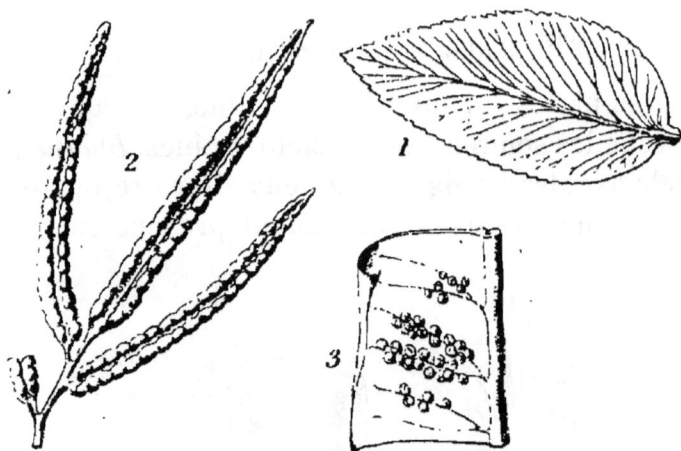

Fig. 28. — Llavea.

1, segment stérile ; 2, portion de fronde fertile ; 3, section
de la même déroulée.

29ᵉ GENRE. — **Cryptogramme** R. BR.

Frondes stériles et fertiles généralement différentes

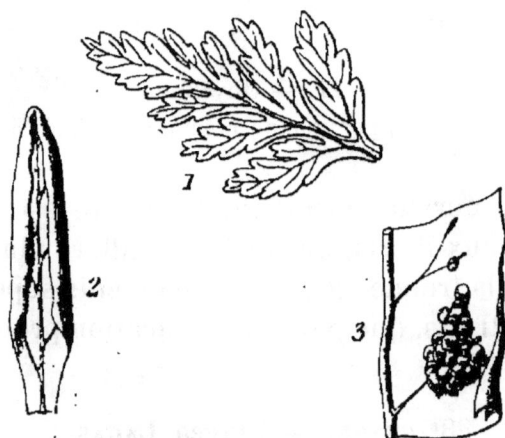

Fig. 29. — .Cryptogramme.

1, segment d'une fronde stérile ; 2, segment d'une fronde fertile ;
3, section du même, déroulé.

sur le même stem. Sore terminal sur une véine étant
d'abord séparé, subglobuleux, et ensuite confluent.

Indusie continue formée des bords de la fronde roulée sur les sores jusqu'à leur complète maturité.

Le genre Llavea et celui-ci diffèrent de Pellæa et Allosorus plutôt par leurs frondes dimorphes que par toute autre chose.

30ᵉ GENRE. — **Pellæa** LINK. HOOKER.

Sore intramarginal, terminal sur une veine, étant d'abord comme un point ou décurrent sur les veines, mais s'étendant ensuite en ligne. Indusie formée par le bord plus ou moins contracté de la fronde, entiè-

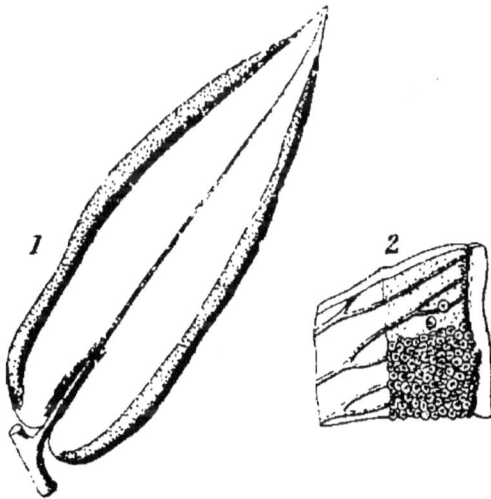

Fig. 30. — 1, pinnule de Platyloma ; 2, portion de la même.

rement continue, quelquefois très étroite. Les plantes de ce genre sont alliées aux Cheilanthes par leur distribution géographique et leur mode de végétation, mais elles en diffèrent par leur indusie continue. Veines libres dans toutes les espèces, excepté deux.

a) **Cheiloplecton** *Fée.* — Texture herbacée ou sub-coriace, veines très visibles, l'indusie est large, et, dans la plupart des espèces, reste roulée sur le sore jusqu'à sa complète maturité.

b) **Allosorus** *Presl.* — Texture coriace, veines imperceptibles, segments supérieurs de la fronde au moins deux fois plus longs que larges, souvent recourbés sur les bords. Indusie grande et bien visible.

c) **Platyloma** *J. Smith.* — Texture coriace, veines généralement cachées, les segments supérieurs larges et plats, l'indusie est si étroite qu'elle est promptement cachée par les sporanges.

d) **Holcochlæna** *Baker.* — Texture et indusie des Platyloma, desquels il ne diffère que par sa venation réticulée.

31e GENRE. — Pteris LINN.

Sore marginal, linéaire, continu, occupant un mince réceptacle filiforme dans les axes de l'indusie. Indusie de la même forme que le sore, généralement membraneuse, le couvrant d'abord entièrement et s'étendant ensuite plus ou moins. Genre cosmopolite, comprenant des plantes divisées et veinées de presque toutes les formes.

a) **Eupteris.** — Veines toutes libres. Stem cespiteux. Indusie simple.

b) **Pœsia** *S aint-Hilaire.* — Veines libres, rhizome rampant, indusie quelquefois double, et cela plus ou moins distinctement (*Ornithopteris, Agardh*). Si l'on se conformait strictement aux caractères techniques, ce groupe d'espèces qui diffère aussi du restant du genre par son mode de croissance, pourrait tout aussi bien être placé dans les Lindsayæ que dans les Pterideæ.

c) **Heterophlebium** *Fée.* — Veines libres dans le bas, anastomosantes vers les bords.

d) **Campteria** *Presl.* — Veines toutes libres, excepté celles de la dernière division qui sont plus ou

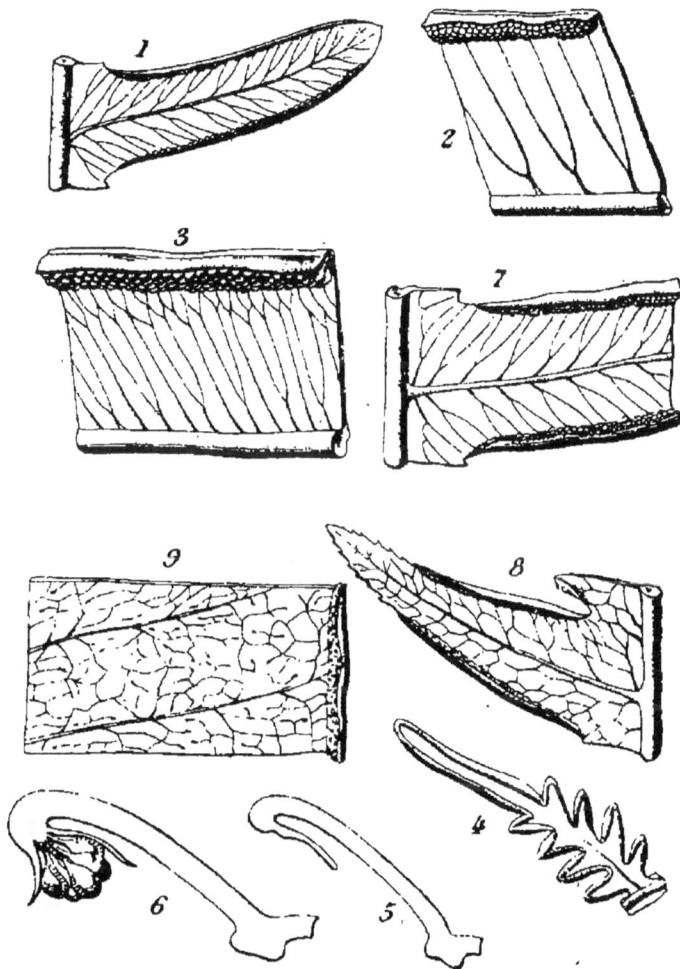

Fig. 31. — Pteris.

1 et 2, Eupteris; 3, Heterophlebium; 4 et 5, Pœsia; 6, double indusie occasionnelle du même; 7, Campteria; 8, Litobrochia; 9, Amphiblestra; toutes ces portions de frondes sont choisies de façon à montrer la fructification et la venation.

moins jointes par les veines arquées de la base.

e) **Doryopteris** *J. Smith.* — Frondes petites, sagit-

tées. Veines copieusement anastomosantes, sans
veinelets inclus et libres.

f) **Litrobrochia** *Presl.* — Faciès des Eupteris, avec
des veines copieusement anastomosantes, sans veinelets inclus et libres.

g) **Amphiblestra** *Presl.* — Veines copieusement
anastomosantes et avec des veinelets inclus et libres.

32ᵉ GENRE. — **Ceratopteris** BRONG.

Sores placés sur deux ou trois veines qui suivent
la fronde longitudinalement et sont presque paral-

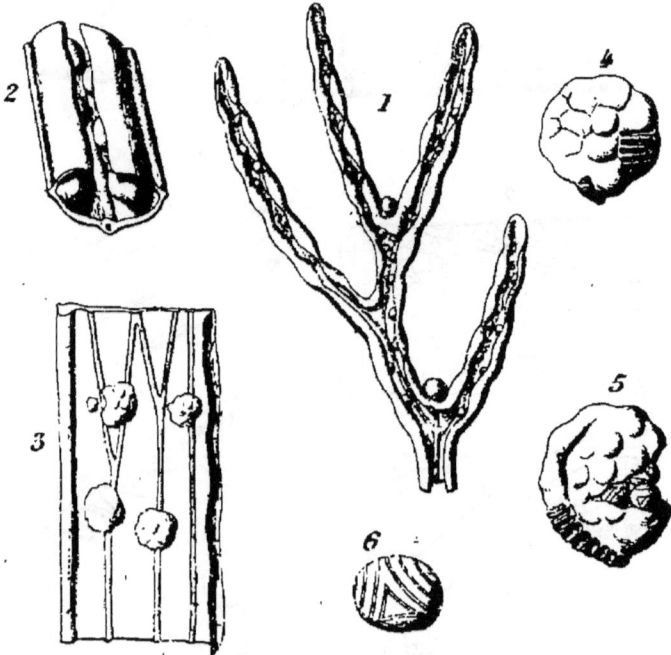

Fig. 32. — Ceratopteris.

1 et 2, portions de frondes fertiles ; 3, section des mêmes, déroulée ; 4 et 5, sporanges ; 6, spore.

lèles avec le bord et la nervure médiane. Sporanges
dispersés sur les réceptacles, sessiles, subglobu-

leux, avec un anneau complet ou plus ou moins partiel. Indusie formée par les bords repliés de la fronde, qui de chaque côté se joignent à la nervure médiane. Ce genre, qui est très anormal, est considéré par certains auteurs comme un sous-ordre distinct et placé par d'autres dans les Polypodiaceæ.

33ᵉ GENRE. — **Lomaria** WILLD.

Sore linéaire, continu, parallèle avec la nervure médiane et occupant tout ou à peu près tout l'espace entre la nervure médiane et les bords de la fronde. Indusie formée par les bords repliés de la fronde.

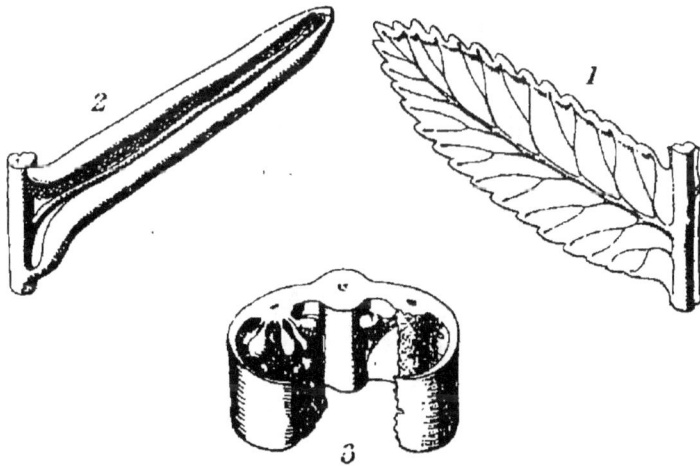

Fig. 33. — Lomaria.

1, penne stérile; 2, penne fertile; 3, la même avec l'indusie partiellement déroulée.

Frondes dimorphes généralement pinnatifides ou pinnées, rarement simples ou bipinnées. Veines libres, excepté occasionnellement dans une espèce. Ce genre, qui est considérable, est allié de très près aux Blechnum, la plupart des espèces se ressemblent beaucoup comme port et comme coupe. Son quartier général est dans le sud de la zone tempérée avec quelques espèces éparpillées tout autour du monde.

7ᵉ Tribu : **Blechneæ.** — Sore linéaire ou oblong, dorsal, parallèle avec la nervure médiane et le bord des segments, mais éloigné de ces bords. Indusie de la même forme que le sore supérieur, s'ouvrant le long de la nervure médiane.

34ᵉ genre. — **Blechnum** L.

Sore linéaire, continu ou à peu près, parallèle et ordinairement contigu à la nervure médiane. Indusie membraneuse, distincte des bords de la fronde. Frondes uniformes ou légèrement dimorphes, géné -

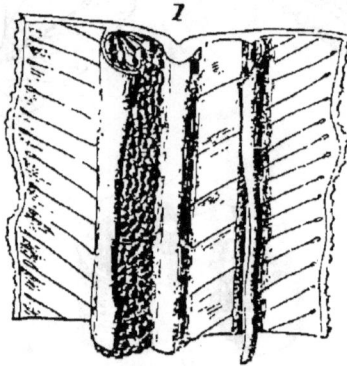

Fig. 34. — Blechnum.
1, penne fertile avec les sores sur le réceptacle d'un côté et retirés de l'autre.

ralement pinnées ou pinnatifides, simples dans une espèce et bipinnées dans une autre. Veines ordinairement libres. Ce genre, qui n'est pas grand et dont les espèces se ressemblent de très près, est répandu partout aux tropiques et au sud des régions tempérées.

a) **Eublechnum.** — Stem droit. Frondes jamais bi-pinnées.

b) **Salpichlœna** *J. Sm.* Stem volubile. Frondes bi-pinnées.

35ᵉ GENRE. — Sadleria KAULF.

Sores en lignes continues, très près de la nervure médiane et des deux côtés, placés sur un réceptacle

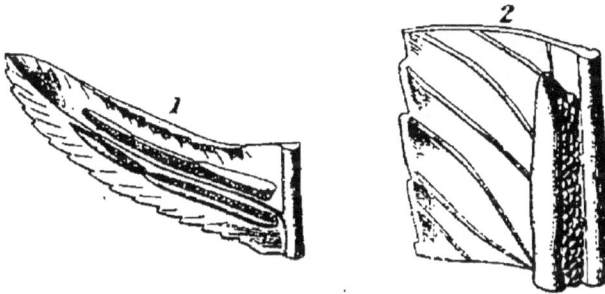

Fig. 35. — Sadleria.
1, pinnule fertile; 2, portion de la même, grossie.

élevé. Indusie étroite, subcoriace, étant d'abord enroulée sur le sore et s'étendant ensuite. Veines formant une série d'arches costales. Caudex environ un mètre de haut, arborescent.

36ᵉ GENRE. — Woodwardia SM.

Sores linéaires ou linéaires-oblongs, enfoncés dans des cavités de la fronde, placés par rangs simples, parallèles et contigus aux nervures médianes des pennes et pinnules. Indusie subcoriace, de la même forme que le sore se fermant comme un couvercle par-dessus les cavités où sont placés les sores. Veines formant toujours une série d'arches costales et pour le reste libres ou anastomosantes. Ce genre dont les frondes sont généralement amples et bipinnatifides, est relativement petit, et ceint le globe dans le nord de la zone tempérée, s'étendant très légèrement à l'intérieur des tropiques.

a) **Euwoodwardia.** — Frondes uniformes, les veines formant au moins une série d'aréolations entre les sores et les bords de la fronde.

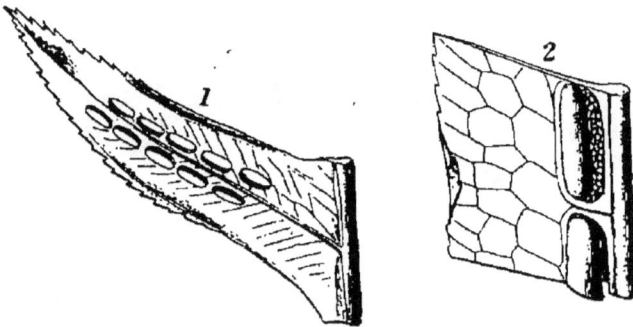

Fig. 36. — Woodwardia.
1, pinnule fertile ; 2, Lorinseria, portion de pinnule fertile.

b) **Anchistea** *Presl.* — Frondes uniformes, et veines toutes libres entre les sores et les bords de la fronde.

c) **Lorinseria** *Presl.* — Frondes dimorphes, veines partout anastomosantes.

37ᵉ GENRE — Doodia R. Br.

Sores oblongs ou légèrement courbés, superficiels, placés en un ou plusieurs rangs parallèles et entre les nervures médianes et les bords des pennes. Indusie membraneuse, de la même forme que le sore. Veines formant une ou deux séries d'arches entre la nervure médiane et le bord de la fronde ; sur ces arches les sores sont placés. Frondes de 10 à 30 ou 40 centimètres de long, pinnées ou pinnatifides. Ce genre est petit, restreint aux îles depuis Ceylan jusqu'à Fiji, Nouvelle-Zélande et Australie.

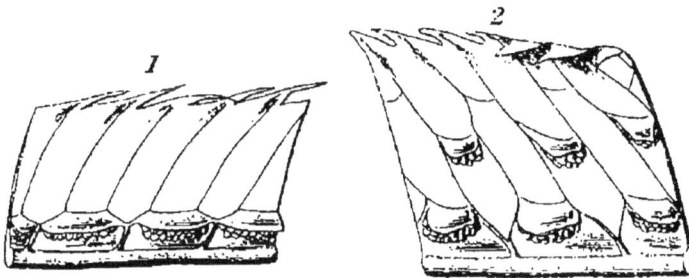

Fig. 37. — Doodia.
1 et 2, portions de pennes fertiles.

8e TRIBU : **Asplenieæ**. — Sores attachés aux veines, obliques ou occasionnellement subparallèles au costa, linéaires ou oblongs. Indusie de la même forme que le sore, simple et s'ouvrant près de la nervure médiane, quelquefois double.

38e GENRE. — **Asplenium** LINN.

Sore dorsal ou submarginal, linéaire ou oblong. *Indusie* semblable de forme, droite ou occasionnellement courbée, simple ou double, plane ou gonflée, s'ouvrant le long du bord extérieur. Ce genre vient le second par rapport à son extension, comprenant des plantes de toutes les parties du monde où les Fougères croissent et de toutes grandeur, texture et coupe. Veines libres dans la majeure partie des espèces. Les *Euasplenium* se relient aux *Davalliex* par les *Darea* et les *Loxoscaphes*, aux *Aspidiex* par les *Athyrium*, aux *Pteridex* par les *Acropteris* et *Actiniopteris*, et aux *Grammitidex* par les *Ceterach*.

a) **Thamnopteris** *Presl.* (*Neottopteris*. J. Sm.) — Veines conjointes au sommet par une ligne transverse intramarginale. Frondes non divisées.

b) **Euasplenium**. — Veines libres, simples ou

bifurquées ; sores linéaires ou linéaires-oblongs,
droits.

c) **Daræa** *Juss.* (*Cænopteris Bory*). — Veines sim-

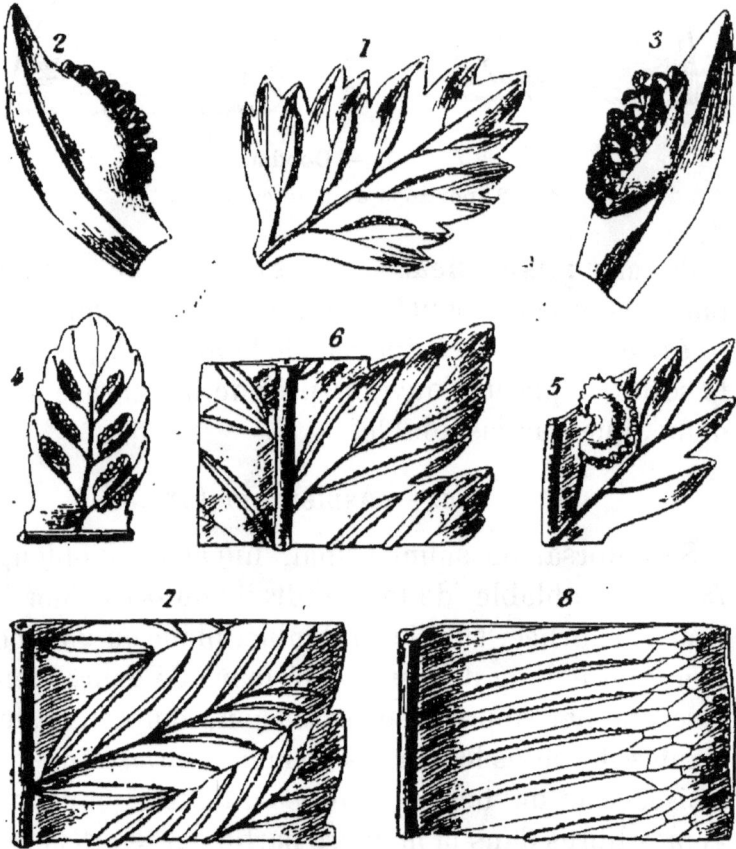

Fig. 38. — Asplenium.

1, Euasplenium ; 2 et 3, Daræa ; 5, Athyrium ; 4 et 6, Diplazium ;
7, Anisogonium ; 8, Hemidictyum ; toutes ces portions de
frondes sont choisies de façon à montrer la fructification et
la venation.

ples, divisions supérieures de la fronde étroitement
linéaires ; sore linéaire ou linéaire-oblong, marginal ou submarginal.

d) **Athyrium** *Roth*. — Veines libres, sore plus ou

moins courbé, quelquefois de la forme d'un fer à cheval.

e) **Diplazium** *Swartz.* — Veines libres, les sores et indusies s'étendant de chaque côté d'elles.

f) **Anisogonium** *Presl.* — Sores comme les Diplazium, mais avec les veines anastomosantes (*Callipteris* Bory).

g) **Hemidictyum** *Presl.* — Veines anastomosantes vers les bords de la fronde. Sores simples.

39° GENRE. — Allantodia WALL.

Sore dorsal, linéaire-oblong, fixé aux veines primaires. Indusie de la même forme que le sore et l'enfermant complètement, éclatant du centre en ligne

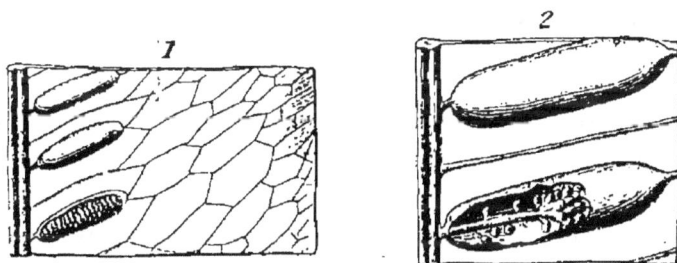

Fig. 39. — Allantodia.

1, portion de penne fertile avec les veines extérieures ; 2, côté inférieur de la même, grossi.

irrégulière. Ce genre ne renferme qu'une seule espèce pinnée et dont les pennes sont amples et minces, différant des Asplenium par la déhiscence de l'indusie.

40° GENRE. — Actiniopteris LINK.

Sore linéaire, submarginal. Indusies de la même forme que le sore, repliée par-dessus, placée une de chaque côté des segments étroits de la fronde et s'ouvrant vers la nervure médiane. Ce genre ne renferme qu'une seule espèce facilement reconnaissable par sa ressemblance avec un Palmier *Chamærops* en miniature ; la fructification est intermédiaire entre *Asplenieæ* et *Prerideæ*.

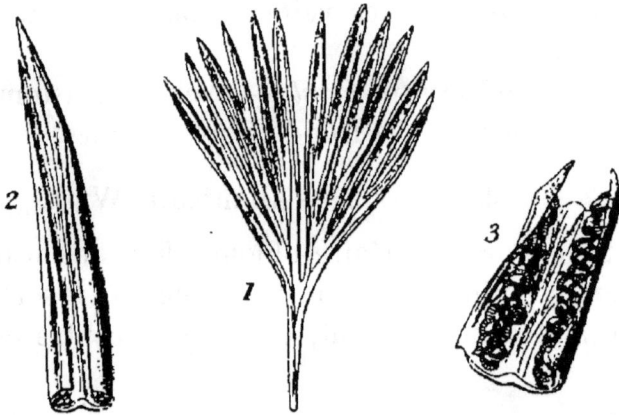

Fig. 40. — Actiniopteris.
1, fronde entière; 2, segment fertile; 3, le même avec les indusies déroulées.

9ᵉ Tribu : **Scolopendrieæ**. — Sores comme les *Asplenieæ* excepté les indusies qui sont disposées par paires et s'ouvrent l'une vers l'autre.

41ᵉ genre. — **Scolopendrium** Sm.

Sores attachés aux veines, obliques ou occasionnellement subparallèles au costa. Indusies disposées par paires et s'ouvrant l'une vers l'autre.

a) **Euscolopendrium**. — Veines libres ou n'étant anastomosantes que dans quelque cas.

b) **Antigramme** *Presl.* — Frondes avec des nervures médianes distinctes, veines anastomosantes vers les bords.

c) **Schaffneria** *Fée.* — Frondes n'ayant pas des ner-

vures médianes distinctes, mais avec les veines flabelliformes se joignant vers les bords.

d) **Camptosorus** *Link*. — Veines anastomosantes
près de la nervure médiane et libres au-dessus. Sores

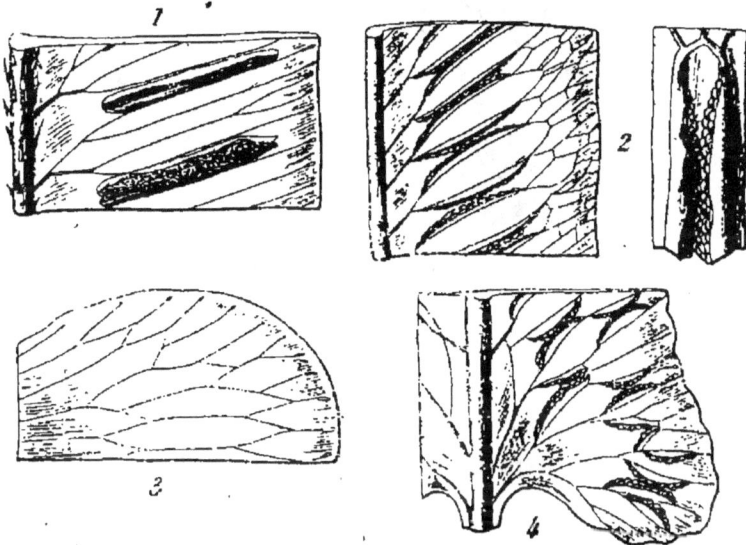

Fig. 41. — Scolopendrium.
1, Euscolopendrium; 2, Antigramme; 3, Schaffneria; 4, Camptosorus, portions de frondes montrant la venation de la fructification.

généralement par paires opposées, mais plus ou
moins séparées.

10ᵉ Tribu : **Aspidieæ**. — Sore dorsal, subglobuleux,
rarement elliptique. Indusie supérieure, de même
forme que le sore, et fixée par le centre ou par un sinus.

42ᵉ genre. — **Didymochlœna** Desv.

Sore elliptique terminant une veine, mais distinctement intramarginal. Indusie elliptique, émarginée à
la base fixée sur un réceptacle linéaire et libre tout
autour de ses bords.

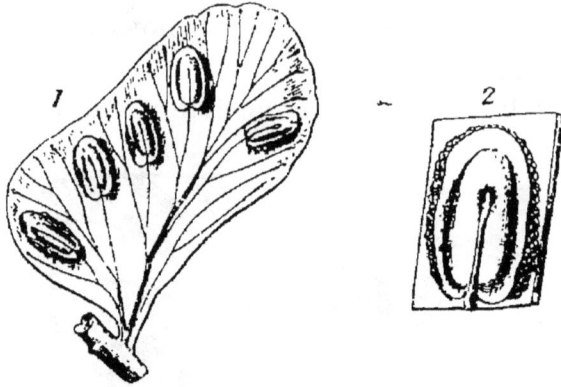

Fig. 42. — Didymochloena.
1, pinnule fertile; 2, simple sore, grossi.

43ᵉ GENRE. — **Aspidium** Sw.

Sore subglobuleux, dorsal ou terminal sur les veinelets. Indusie orbiculaire, fixée par le centre. Ce

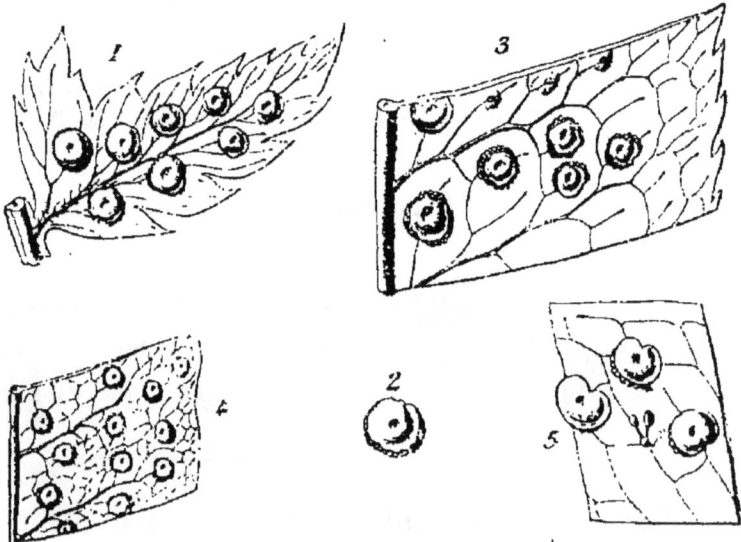

Fig. 43. — Aspidium.
1 et 2, penne fertile et sore de Polystichum; 3, Cyrtomium,
portion de fronde avec des sores; 4, Euaspidium, portion
de fronde avec des sores; 5, figure montrant le point de
jonction entre Aspidium et Nephrodium.

genre est cosmopolite, et les espèces qu'il renferme varient beaucoup en dimensions, texture, coupe et venation.

a) **Polystichum** *Roth.* — Veines toutes libres. Texture plus ou moins coriace dans toutes les espèces moins cinq, qui sont herbacées ; dents terminées par une pointe sétacée plus ou moins raide.

b) **Cyrtomium** *Presl.* — Veines quelquefois, mais non invariablement se joignant vers les bords.

c) **Cyclodium** *Presl.* — Veines pinnées, les veinelets opposés des groupes contigus se joignant.

d) **Euaspidium.** — Veines copieusement anastomosantes. Un grand nombre d'espèces placées ici par quelques auteurs, et qui ont l'indusie des Nephrodiums, ont été reportées à ce genre.

44ᵉ GENRE. — **Nephrodium** RICH.

Sore subglobuleux, dorsal ou terminal sur les

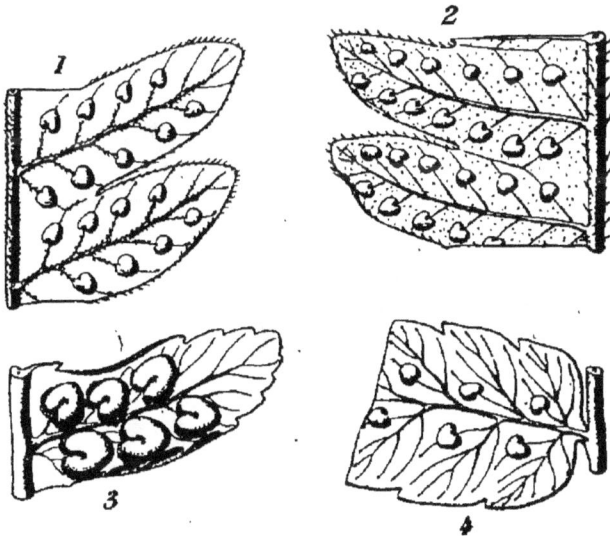

Fig. 44. — Nephrodium.
1 et 2, Eunephrodium, portions fertiles ; 3 et 4, Lastrea, portions fertiles.

veinelets. Indusie cordato-réniforme, attachée par le sinus. Ce genre est cosmopolite et les espèces varient beaucoup en dimension, texture, coupe et venation.

a) **Lastrea** *Presl.* — Veines toutes libres.

b) **Eunephrodium**. — Veines les plus basses des groupes contigus se joignant.

c) **Pleocnemia** *Presl.* — Veinelets les plus bas des groupes contigus se joignant, et ceux du même groupe se joignant légèrement.

d) **Sagenia** *Presl.* — Veines copieusement anastomosantes, généralement avec des veinelets inclus et libres. Pennes et segments amples.

45° GENRE. — **Nephrolepis** Schott.

Sore rond, s'élevant du sommet de la plus haute branche d'une veine, placé ordinairement près du

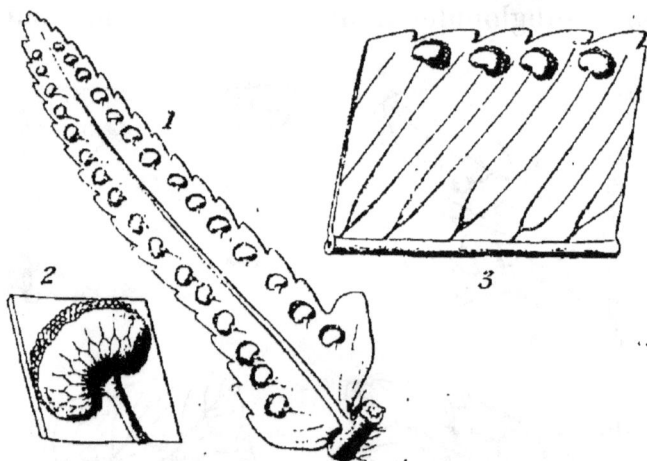

Fig. 45. — Nephrolepis.
1, penne fertile ; 2, sore ; 3, portion d'une penne fertile montrant
la venation.

bord. Indusie réniforme ou presque ronde. Veines libres. Frondes pinnées, les pennes sont articulées à

la base, et souvent caduques dans les plantes sèches;
les frondes ont des points blancs crétacés sur la surface supérieure. Ce genre ceint le monde aux tropiques, les dépassant un peu au nord et au sud.

46ᵉ GENRE. — **Oleandra** CAV.

Sores ronds, insérés en un rang près de la base
ou au-dessous du centre des veinelets, qui sont libres

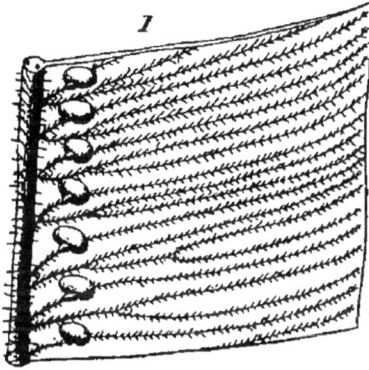

Fig. 46. — Oleandra.
1, portion de fronde fertile.

et compacts. Indusie réniforme. Ce petit genre est
restreint aux tropiques et se distingue des Nephrodiums par son facies tout à fait différent. Ces plantes
ont des rhizomes très grimpants sur lesquels les
stipes sont articulés, avec des frondes entières, ellip-
tiques-lancéolées.

47ᵉ GENRE. — **Fadyenia** HOOK.

Sores oblongs, en deux séries, près de la nervure
médiane, terminant des veinelets libres. Indusie
large, subréniforme, attachée par le centre, libre
tout autour. Ce genre ne contient qu'une seule espèce
originaire des Indes Occidentales.

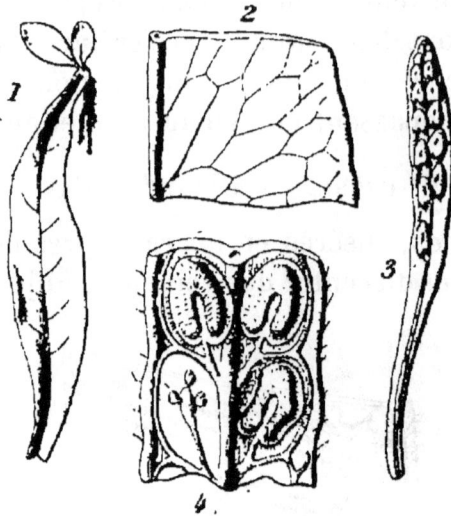

Fig. 47. — Fadyenia.

1, fronde stérile, mais prolifère, très réduite; 2, venation de
la même; 3, fronde fertile très réduite; 4, portion de la
même, grossie.

Exinvolucreæ. — Sores dépourvus d'indusies.

11ᵉ Tribu : **Polypodieæ.** — Sores placés sur le dos
des lobes, ronds ou rarement oblongs, pas plus de
deux fois aussi longs que larges.

48ᵉ genre. — **Polypodium** L.

Caractères de la tribu. Ce genre est le plus grand,
et comprend des plantes de deux différents modes
de croissance, chacune des séries comprenant un
nombre d'espèces de tous les différents genres de
venation et de tous les climats.

I. Séries desmobryoïdes. — Facies et mode de croissance des Aspidieæ, stipes continus avec le stem et
sore toujours médial sur les veines.

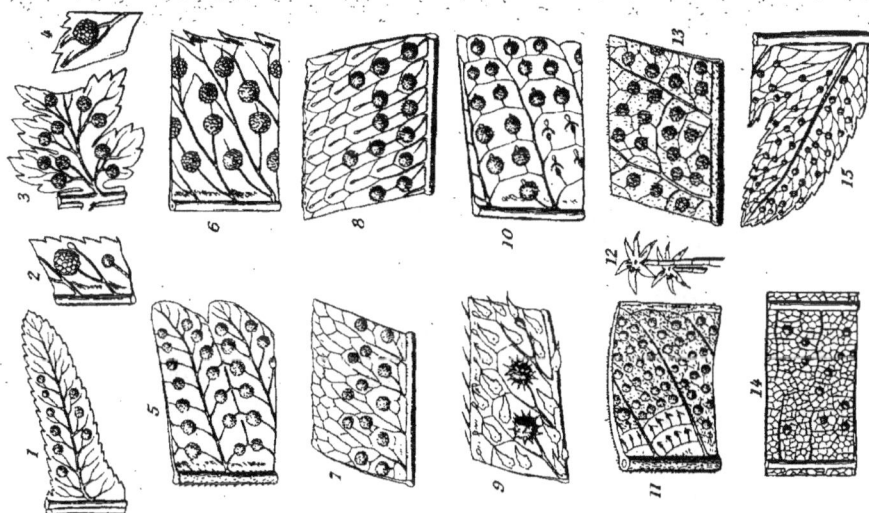

Fig. 48. — Polypodium.

1, Eupolypodium, segment fertile; 6, petite portion du même, grossie; 3, Phegopteris, portion d'une pinnule
fertile; 4, petite portion de la même, grossie; 5. Goniopteris, portion fertile; 6, Cyrtomiphlebium, portion
fertile; 7, Phlebodium, portion fertile; 8, Goniophlebium, portion fertile; 9, Craspedaria, portion fertile;
10, Campyloneuron, portion fertile; 11, Niphobolus, portion fertile; 12, poils radiés, du même; 13, Phymatodes, portion fertile; 14, Dipteris, portion du même; 15, Dictyopteris, portion fertile.

a) **Euphegopteris**. — Venation des Lastrea, veines libres.

b) **Cyrtomiphlebium**. — Venation des Cyrtomium avec les groupes contigus se joignant irrégulièrement.

c) **Goniopteris** *Presl*. — Venation des Eunephrodium, veines pinnées avec les veinelets les plus bas des groupes contigus se joignant.

d) **Dictyopteris** *Presl*. — Venation des Sagemia, veines copieusement anastomosantes.

II. Séries érémobryoïdes. — Stipes articulés à leur point de jonction avec le rhizome, et sores généralement, mais non invariablement terminant les veines.

e) **Eupolypodium**. — Veines libres, sores ronds, (sores oblongs, Grammitis, Auct.)

f) **Goniophlebium** *Blume*. — Veines formant des séries d'aréoles amples et régulières, chacune avec un veinelet inclus, distinct et libre, le sore termine ce dernier et ne se trouve souvent que dans les aréoles costales, mais quelquefois aussi dans le second ou même le troisième rang.

g) **Phlebodium** *R. B.* — Veines formant des séries d'aréoles amples et régulières, chacune avec deux veinelets ou quelquefois davantage qui sont libres et inclus; ces veinelets portent les sores sur leur point de jonction, la série d'aréoles costales est toujours dépourvue de sores.

h) **Campyloneuron** *Presl*. — Veines primaires distinctes de la nervure médiane au bord, jointes par des veinelets transversaux droits ou courbés, les aréoles sont semblables, contenant deux sores ou davantage, les veinelets libres sont tous dirigés vers les bords.

+ Frondes dont les deux surfaces sont glabres.

+ + Frondes dont la surface inférieure est pourvue d'un tomentum laineux ou cotonneux. *Nipholobus* Auct.

i) **Phymatodes** *Presl.* comprenant les *Pleopeltis* Auct. — Aréoles fines, copieuses, irrégulières, les veinelets libres s'étendent dans des directions diverses, les sores varient en position et sont généralement sur le dos de veinelets unis.

+ Frondes dont les principales veines ne sont pas distinctes jusqu'aux bords.

+ + Frondes dont les principales veines sont distinctes à peu près jusqu'aux bords. *Pleuridium* J. Sm.

Frondes différemment lobées, mais non régulièrement pinnatifides ou pinnées.

+ Frondes non partagées en deux.

+ + **Dipteris** *Reinw.* — Frondes flabelliformes, partagées en deux, profondément lobées, et dont les lobes se dirigent de la circonférence à la base.

Frondes profondément pinnatifides.

+ Frondes uniformes, les stériles ne sont pas drynarioïdes.

+ + **Drynaria** *Bory.* — Frondes dont les stériles sont séparées ou avec la base d'une fronde ordinaire pinnatifide et semblable à une feuille de chêne sessile, brune de couleur et de texture rigide.

12ᵉ TRIBU : **Grammitideæ.** — Sores placés sur le dos des lobes, plus de deux fois aussi longs que larges, ordinairement linéaires.

49ᵉ GENRE. — **Jamesonia** Hᴋ et Gʀ.

Sores oblongs, placés sur les veines flabellées au dos des pennes et éloignés de leurs bords. Ce genre ne comprend qu'une seule espèce originaire des Andes et placée par Mettenius avec les Gymnogrammes.

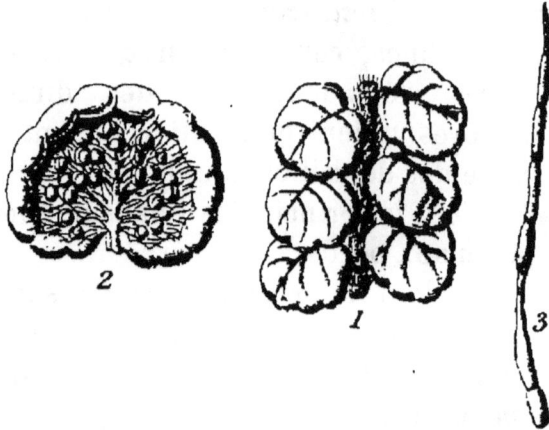

Fig. 49. — Jamesonia.
1, portion de fronde (dessus); 2, penne fertile (dessous);
3, poils articulés qui se trouvent parmi les sores.

50ᵉ GENRE. — Nothochlœna R. Br.

Sores marginaux, d'abord oblongs ou rondelets et

Fig. 50. — Nothochlœna.
1 et 2, portions fertiles; 3, petite portion du nº 1, grossie.

devenant promptement confluents en une ligne marginale continue sans indusie distincte, mais avec le bord de la fronde fréquemment infléchi. Veines libres dans toutes les espèces. Ce petit genre est largement dispersé et ne diffère des Cheilanthes que par l'absence d'une indusie distincte et les joint par étages graduels et intermédiaires.

a) **Eunothochlœna.** — Frondes non poudrées en desous.

b) **Cincinalis** *Deser.* — Frondes poudrées en dessous de poussière jaune ou blanche.

51ᵉ GENRE. — **Monogramme** Schk.

Sores linéaires, près de la nervure médiane, d'un côté ou des deux. Plantes ressemblant à de petites

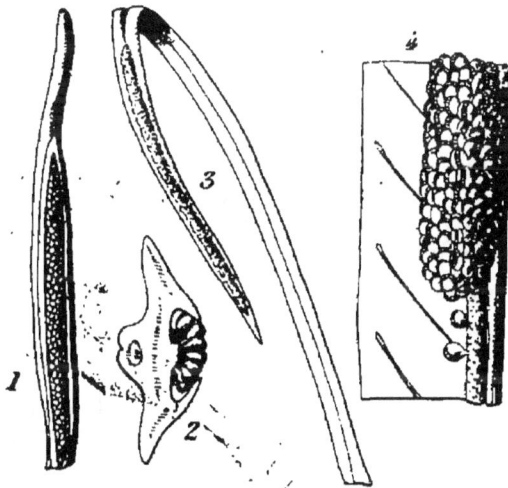

Fig. 51. — Monogramme.

1, Eumonogramme, portion fertile ; 2, section transversale de la même à travers le sore ; 3, Pleurogramme, portion fertile ; 4, petite portion de la même, grossie et montrant la venation.

herbes ou à des joncs ; c'est la structure la plus simple de toutes les Fougères.

a) Frondes avec une veine centrale seule.

b) **Pleurogramme** *Fée.* — Frondes avec des veines

latérales simples en addition à la nervure médiane,
assez indistinctes.

52e GENRE. — **Gymnogramme** DESV.

Sores produits sur les veines de la surface inférieure de la fronde, linéaires ou linéaires-oblongs,

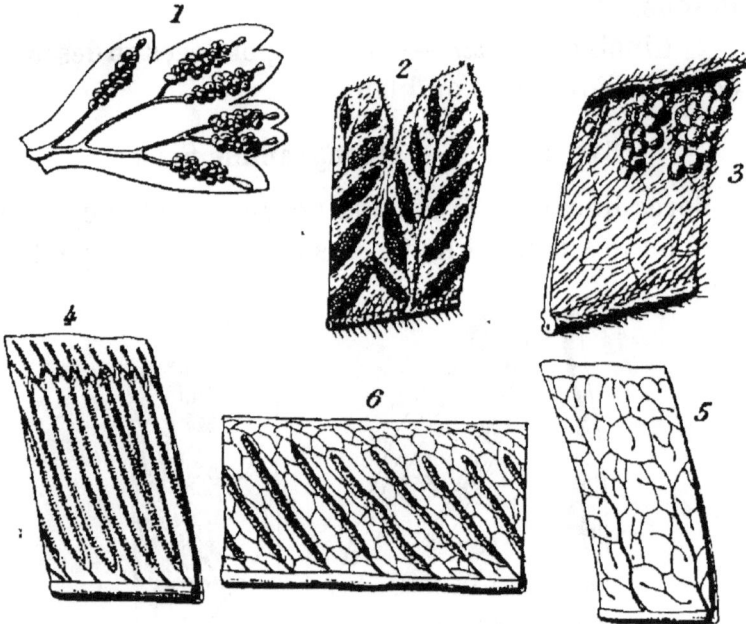

Fig. 52. — Gymnogrammé.

1, Eugymnogramme, pinnule fertile; 2, Sténogramme, portion
fertile; 3, Dictyogramme, portion fertile; 4, Syngramme,
portion fertile; 5 et 6, Selliguea, portions stérile et fertile.

simples ou bifurqués. Ce genre est considérable,
principalement tropical et comprenant des plantes de
facies et venation très différentes.

1re *Série*. — Facies et mode de croissance des *Aspidiex*. Sores oblongs ou linéaires-oblongs, non bifurqués.

a) **Leptogramme** *J. Sm.* — Veines libres. Ne diffère
des Euphegopteris que par ses sores allongés.

b) **Digrammaria** *Presl*. — Veines principales et veines les plus basses du même groupe formant des aréoles costulaires comme dans les Pleocnemia.

c) **Stegnogramme** *Blume*. — Veinelets des groupes contigus joints comme dans les Nephrodiums et les Goniopteris.

2ᵉ *Série*. — Facies et mode de croissance des *Cheilanthes*. Sores linéaires, ordinairement bifurqués.

d) **Eugymnogramme**. — Veines libres, surface inférieure non poudrée.

e) **Ceropteris** *Link*. — Ne diffère des Eugymnogrammes que par la poussière jaune ou blanche dont les frondes sont pourvues en dessous.

3ᵉ *Série*. — Facies et mode de croissance des *Eupolypodium*.

f) **Syngramme** *J. Sm.* — Veines rapprochées, parallèles et qui ne sont unies que par les veinelets les plus près des bords de la fronde.

g) **Selliguea** *Bory*. — Veines variablement anastomosées, mais ordinairement copieusement. Ne diffère des Phymatodes que par ses sores allongés.

53ᵉ GENRE. — **Brainea** Hᴋ.

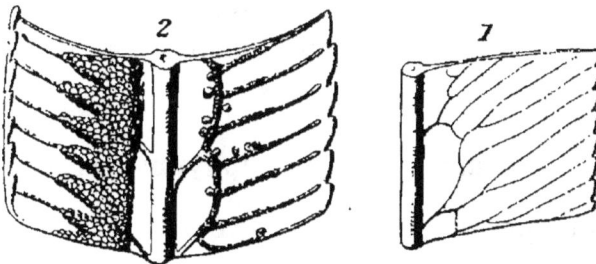

Fig. 53. — Brainea.
1, portion de fronde stérile ; 2, portion fertile.

Sores continus le long de veines transverses près de la nervure médiane ; ils sont aussi produits le

long des veines dans la direction des bords de la
fronde. Ce genre ne renferme qu'une seule espèce
subarborescente native de l'Inde et de la Chine et
qui ressemble à un Blechnum en apparence générale, mais dont les sores sont nus et les veines
forment des aréoles costulaires.

54ᵉ GENRE. — **Meniscium** SCHREB.

Sores oblongs ou linéaires, occupant les veinelets transverses connivents. Frondes simples ou

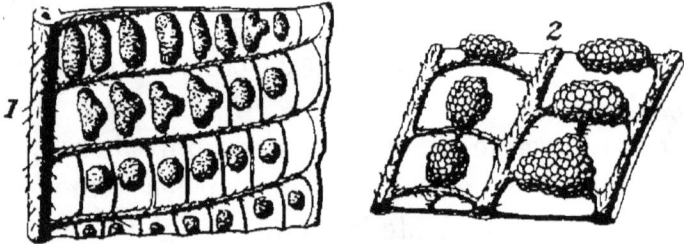

Fig. 54. — Meniscum.
1 et 2, portions fertiles.

une fois pinnées. Ce genre, qui est petit, est restreint
aux tropiques ; sa venation est celle des Polypodiums
et Goniopteris, desquels il ne diffère que par ses
sores allongés ou confluents.

55ᵉ GENRE. — **Antrophyum** KAULF.

Sores portés le long des veines, imparfaitement
réticulés. Ce genre est petit et ses espèces sont
alliées de très près et restreintes aux tropiques,
toutes ont des frondes simples d'une texture ferme
mais charnue et de copieuses aréoles hexagonales
et uniformes.

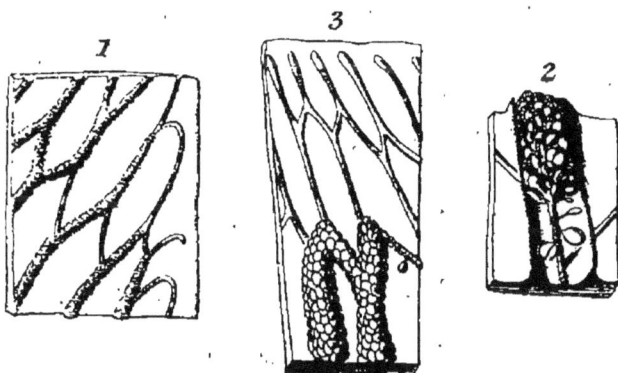

Fig. 55. — Antrophyum.

1 et 2, portions fertiles montrant les sores enfoncés dans des cavités; 3, portion fertile dont les sores ne sont pas enfoncés.

56ᵉ GENRE. — **Vittaria** Sм.

Sores en lignes marginales continues, ou légèrement intramarginales. Ce genre est petit, presque

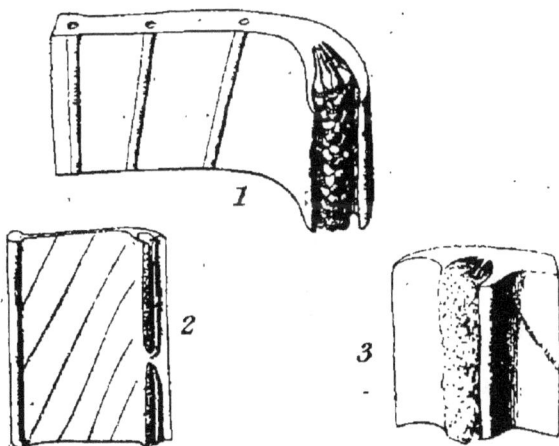

Fig. 56. — Vittaria.

1, Euvittaria, portion fertile; 2 et 3, Tæniopsis.

entièrement tropical avec des veines libres et une apparence de graminée, ses frondes sont d'une texture subcoriace, et il a une tendance considérable à être placé dans les séries Involucratæ près des Lindsaya. Les espèces sont d'une détermination difficile, et MM. Hooker et Baker dans le *Synopsis Filicium* en admettent beaucoup moins que M. Fée, qui a publié une monographie illustrée de ce genre, dans laquelle il se repose principalement sur des caractères microscopiques (la forme des spores et des sporanges atrophiés) pour les caractériser et les décrire.

a) **Euvittaria.** — Sores enfoncés dans une rainure marginale formée des deux lèvres de la fronde.

b) **Tæniopsis** *J. Sm.* — Sores en ligne légèrement intramarginale avec le bord de la fronde non altéré, mais les dépassant et souvent roulés par-dessus.

57ᵉ GENRE. — **Tænitis** Sw.

Sores linéaires, mais dont la ligne est quelquefois interrompue; en lignes centrales ou submarginales.

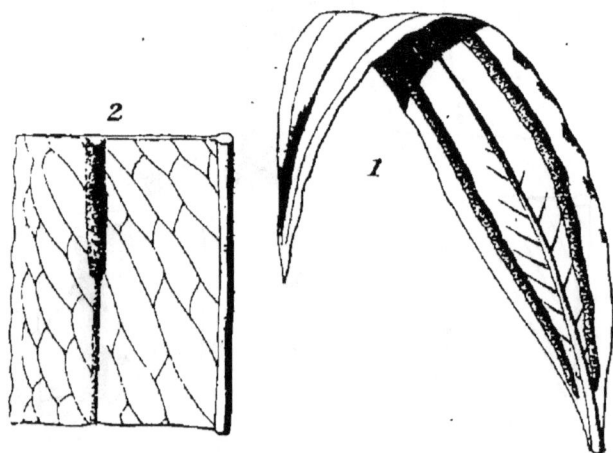

Fig. 57. — Tænitis.
1, penne fertile ; 2, portion grossie, montrant la venation.

Ce genre est petit et ses espèces ne sont pas alliées de très près, toutes sont tropicales. Quelques-unes des espèces diffèrent à peine des Tæniopsis pour la fructification, mais de toutes les espèces placées dans ce genre les veines anastomosent.

58e GENRE. — **Drymoglossum** PRESL.

Sores différant à peine de ceux des Tænitis, mais

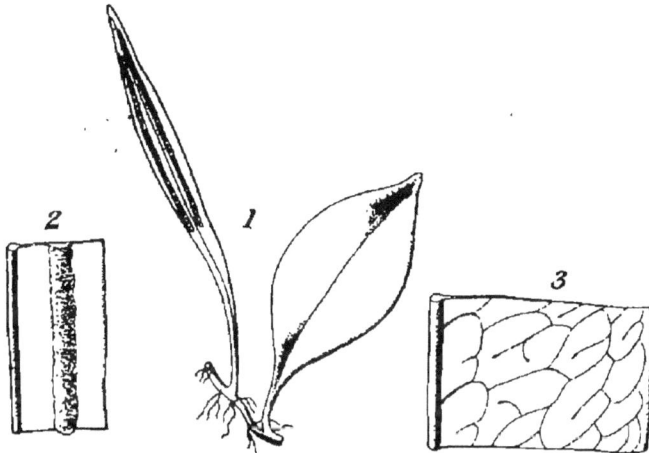

Fig. 58. — Drymoglossum.
1, fronde stérile et fronde fertile; 2, portion de fronde fertile, grossie; 3, portion de fronde stérile, grossie.

les espèces classées dans ce genre ont les frondes dimorphes.

59e GENRE. — **Hemionitis** LINN.

Sores continus le long des veines et copieusement réticulés; quelquefois aussi développés légèrement entre les veines. Ce petit genre est à peu près restreint aux Tropiques. Veines copieusement anastomosantes.

a) **Euhemionitis**. — Sores restreints aux veines.

b) **Anetium** *Splitg*. — Sores espacés, placés sur les veines et dispersés aussi entre elles.

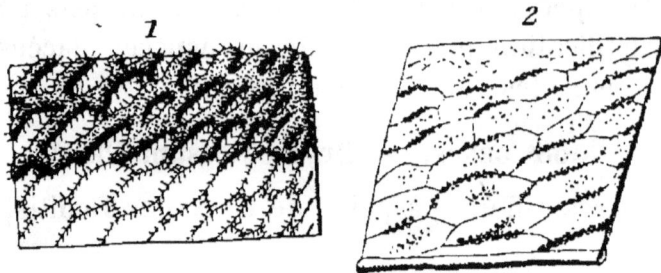

Fig. 59. — Hemionitis.
1, Euhemionitis, portion fertile; 2, Anetium, portion fertile.

13ᵉ Tribu : Acrosticheæ. — Sores non restreints aux veines, mais étendus par couches sur la surface inférieure de la fronde, ou rarement sur les deux surfaces.

60ᵉ genre. — Acrostichum L.

Sores étendus sur toute la surface inférieure de la fronde ou des pennes supérieures, ou occasionnellement sur les deux surfaces. Ce genre est grand, à peu près entièrement tropical et comprend des groupes très dissemblables de coupe et venation. — *Veines libres.*

Elaphoglossum *Schott.* — Frondes simples.

Stenochlœna *J. Sm.* — Frondes stériles simplement pennées, les pennes sont semblables à celles des Lomarias comme forme, texture coriace et venation fine et serrée.

Polybotrya *H. B. K.* — Les frondes stériles n'ont pas un facies lomarioïde et sont différemment pinnatifides ou pinnées, avec des veines pinnées dans les divisions supérieures des frondes stériles.

Egenolfia *Schott.* — Ne diffère des *Polybotrya* que par

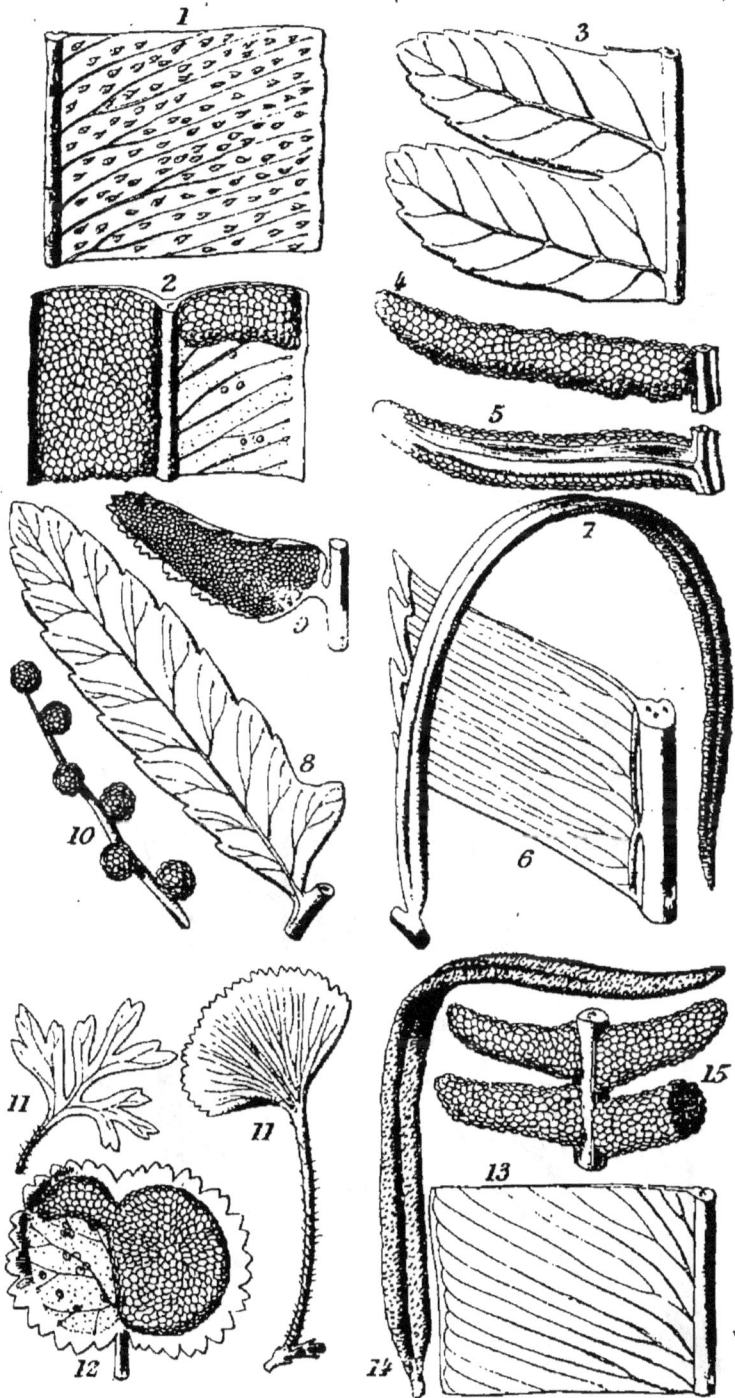

Fig. 60. — Acrostichum.

N°s 1 et 2, Elaphoglossum; 3, 4 et 5. Polybotrya; 6 et 7, Stenochlœna; 8, 9 et 10, Egenolfia; 11 et 12, Rhipidopteris;
13, 14 et 15, Olfersia.

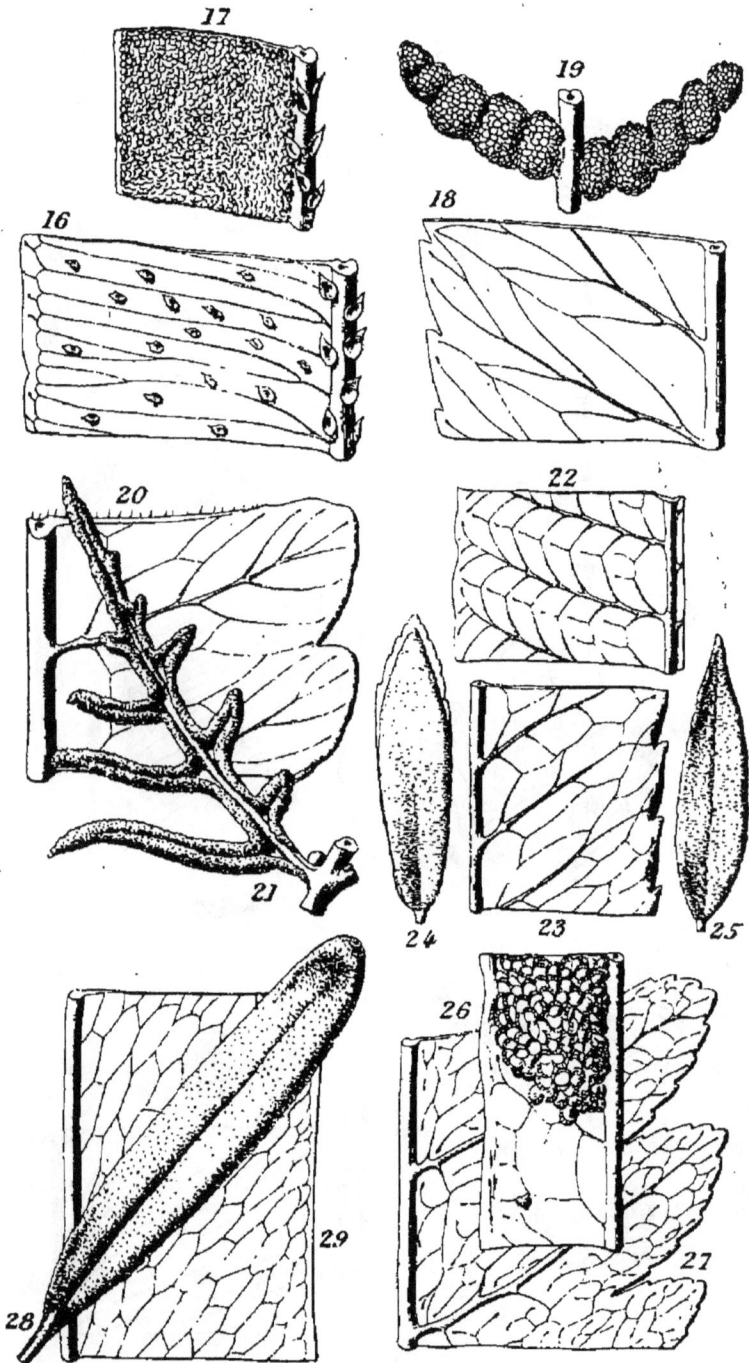

Fig. 60 *bis.* — Acrostichum.

16 et 17, Aconiopteris ; 18 et 19, Soromanes ; 20 et 21, Stenosemia ; 22, 23, 24, 25, 26 et 27, Gymnopteris ; 28 et 29, Chrysodium .

la présence d'un poil sétacé dans les sinus des lobes
des divisions supérieures.

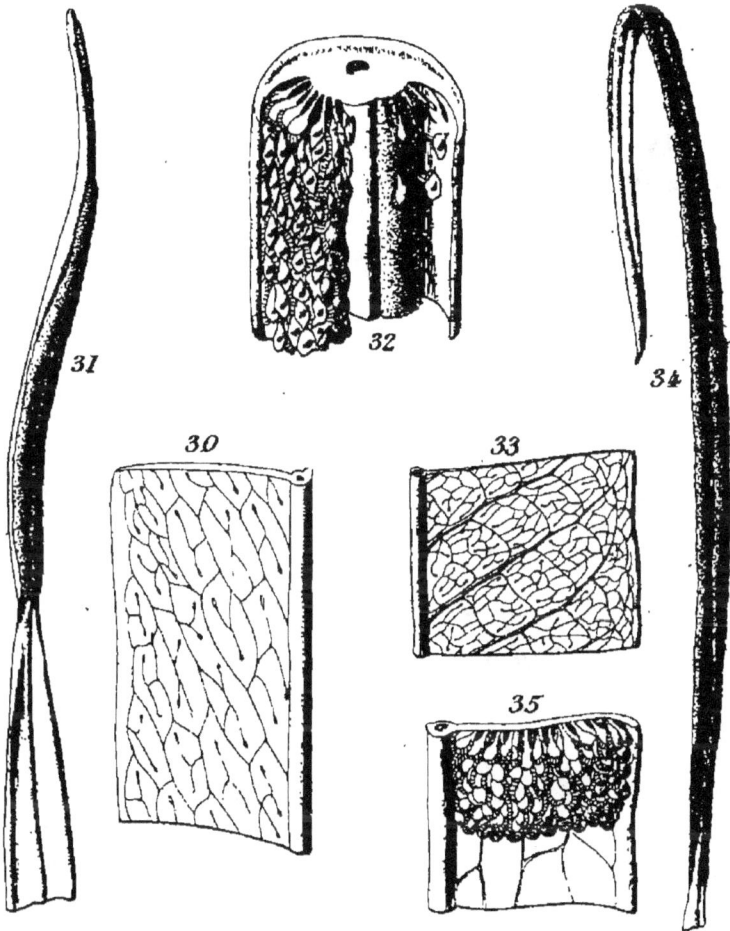

Fig. 60 *ter*. — Acrostichum.

30, Hymenolepis, portion de fronde stérile; 31 et 32, Hymenolepis, portion de fronde fertile; 33, Photinopteris, portion
de fronde stérile; 34 et 35, Photinopteris, portion de fronde
fertile. Toutes ces figures sont des portions de frondes choisies pour montrer la venation et la fructification.

Rhipidopteris *Schott*. — Venation flabellée, les
frondes fertiles petites, sub-orbiculaires et entières.
— *Veines anastomosées.*

Aconiopteris *Presl.* — Frondes simples.

Olfersia *Raddi.* — Frondes pennées.

Stenosemia *Preil.* — Veines formant un ou deux rangs d'aréoles le long de la nervure médiane, le reste libre.

Soromanes *Fée.* — Veines pennées, quelques-unes des groupes contigus se joignent ordinairement.

Gymnopteris *Bernh.* —Frondes dimorphes. Veines principales distinctes jusqu'aux bords de la fronde.

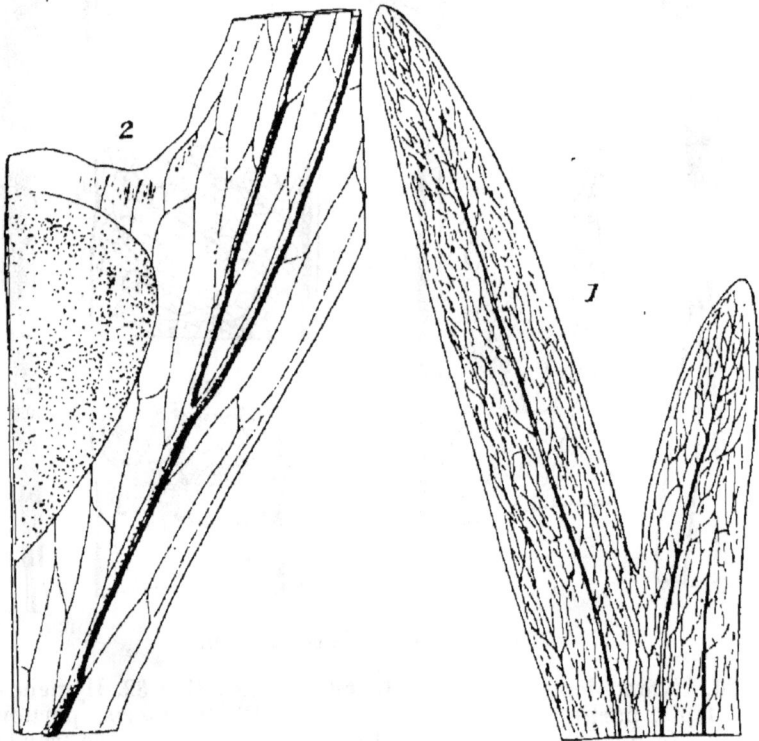

Fig. 61. — Platycerium.

1, portion de fronde stérile ; 2, section de fronde fertile montrant une partie de fructification.

Chrysodium *Fée.* — Frondes dimorphes, ou dans le Chrysodium aureum les pennes supérieures pareilles aux autres et fertiles. Veines principales nulles ou indistinctes.

Hymenolepis *Kaulf.* — Frondes simples, uniformes, portant le fruit à leur sommet contracté.

Photinopteris *J. Sm.* — Frondes pinnées ou profondément pinnatifides, la fructification est portée sur les pennes supérieures qui sont de forme Lomarioïde. Faciès et venation des Drynaria.

61ᵉ GENRE. — Platycerium.

Sores étendus en couches et formant des pièces ou morceaux sous les frondes fertiles, ils sont placés vers l'extrémité de ces frondes. Ce genre est petit et très diffus, mais bien reconnaissable par ses frondes fertiles dichotomes et ses divisions qui sont semblables à des cornes de cerf. (Voy. page précédente.)

3ᵉ SOUS-ORDRE. — Osmundaceæ.

Sporanges bi-valvés, s'ouvrant en travers du sommet, pourvus d'un anneau court, horizontal. Venation circinée.

62ᵉ GENRE. — Osmunda L.

Sores en panicule thyrsoïde et différant complètement de la partie feuillue de la fronde. Ce genre ne comprend que peu d'espèces toutes frappantes par leur aspect; à peine quelques-unes sont-elles tropicales et une seule est connue dans les régions sud-tempérées.

63ᵉ GENRE. — Todea WILLD.

Sores placés au dos de la partie feuillue de la fronde. Ce genre est petit à peu près limité au sud de la zone tempérée; ces espèces ont les sporanges des Osmunda, mais le faciès ordinaire des Polypodiaceæ.

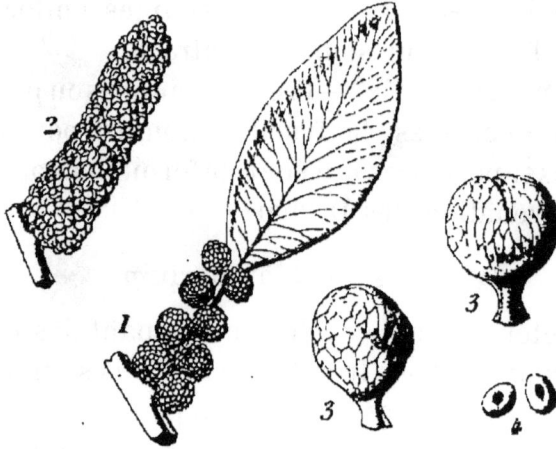

Fig. 62. — Osmunda.

1, penne partie stérile et partie fertile; 2, penne entièrement fertile; 3, sporanges détachés; 4, spores.

a) **Eutodea**. — Texture de fronde coriace.

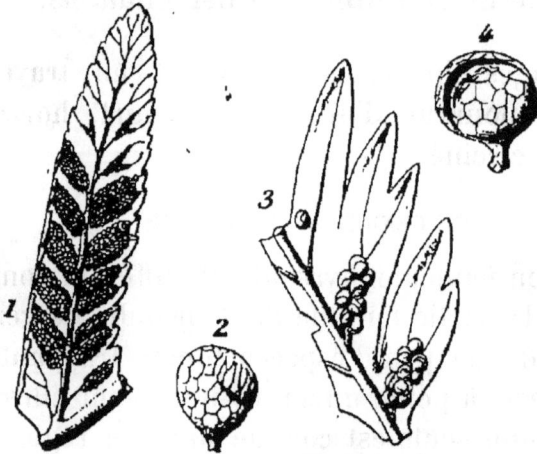

Fig. 63. — Todea.

1, Eutodea, portion de fronde fertile; 2, sporange détaché; 3, Leptopteris, portion de fronde fertile; 4, sporange détaché.

b) **Leptopteris** *Presl.* — Texture de la fronde pareille à celle des Hymenophyllum.

4ᵉ SOUS-ORDRE. — Schizeaceæ.

Sporanges bivalves, s'ouvrant sur les côtés et couverts par un anneau complet operculiforme. Venation circinée.

64ᵉ GENRE. — Schizæa SMITH.

Sporanges sessiles en 2-4 rangs et qui s'alignent en épis distiques et serrés, lesquels forment des segments fertiles au sommet des frondes. Ce genre

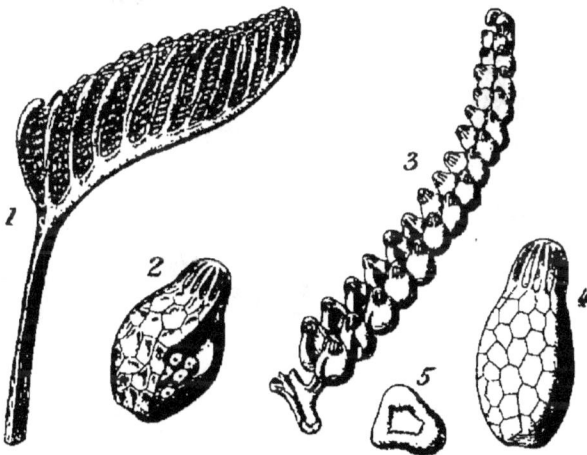

Fig. 64. — Schizæa.
1, segment fertile; 3, penne fertile; 2 et 4, sporanges détachés;
5, spores.

est très petit, assez diffus et d'un facies très distinct.

a) **Euschizea.** —Segments fertiles pennés ; frondes cylindriques ou sub-cylindriques, apiculées. Sporanges bisériés.

b) **Lophidium** *Rich.* — Segments fertiles pennés ; frondes aplaties, sporanges bisériés.

c) **Actinostachys** *Wall.* — Segments fertiles digités plutôt que pennés ; sporanges quadrisériés.

65ᵉ GENRE. — **Anemia** Sw.

Sporanges petits, très abondants, formant une panicule très fournie et complètement distincte de la partie feuillue de la fronde. Ce genre bien marqué est restreint aux tropiques.

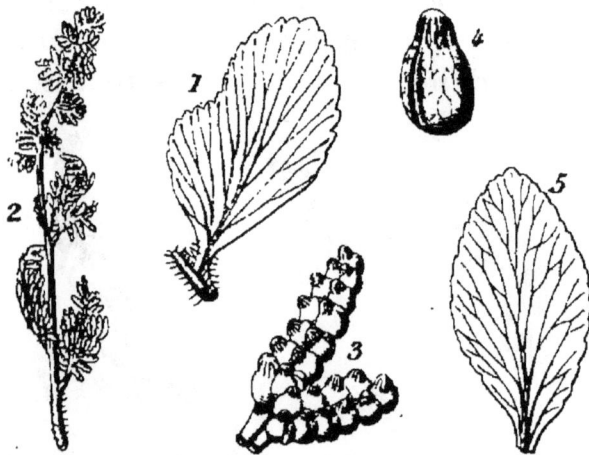

Fig. 65. — Anemia.

1, Euanemia, portion de fronde stérile avec venation simple 2, panicule ; 3, portion fertile grossie ; 4, sporange détaché ; 5, Anemidictyon, portion stérile.

Euanemia. — Panicule et portion feuillue réunies dans la même fronde. Veines libres.

Anemidictyon *J. Sm.* — Panicule et portion feuillue réunies dans la même fronde. Veines anastomosées.

Coptophyllum *Gardn.* — Frondes stériles et frondes fertiles distinctes.

66ᵉ GENRE. — **Mohria** Sw.

Sporanges sessiles placés au dos des frondes, près de leurs bords. Ce genre ne comprend qu'une

espèce qui réunit les sporanges du sous-ordre et le
facies des Cheilanthes.

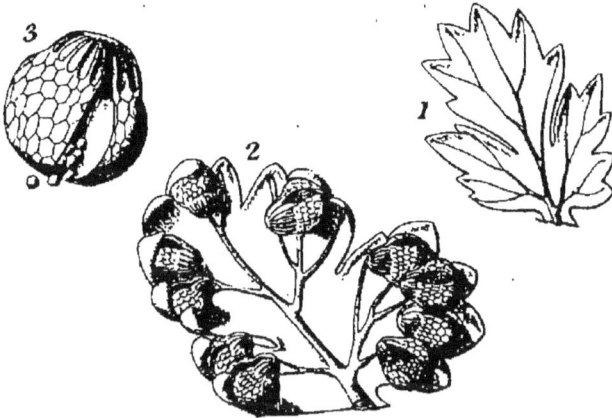

Fig. 66. — Mohria.

1, portion de fronde stérile; 2, portion fertile; 3, sporange
détaché.

67e GENRE. — **Trochopteris** GARDN.

Sporanges petits, placés irrégulièrement dessous
et autour des bords de lobes inférieurs des frondes

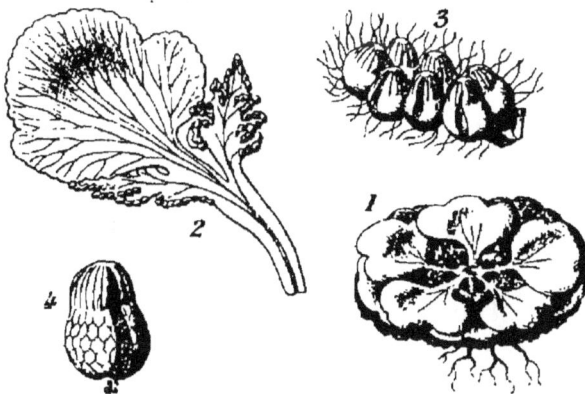

Fig. 67. — Trochopteris.

1, touffe entière; 2, fronde entière; 3, portion fertile;
4, sporange détaché.

légèrement contractées. Ce genre ne comprend qu'une
espèce, ressemblant à un petit Anemia, mais dont les
parties stériles et fertiles ne sont pas distinctes.

Les frondes de cette espèce trouvée au Brésil ressemblent aux feuilles d'un Geum et forment une touffe
épaisse étalée en rosette.

68ᵉ GENRE. — **Lygodium** Sw.

Sporanges solitaires (ou occasionnellement par
paires) placés dans les axes de larges indusies im-
briquées, qui forment des épis par pennes séparées

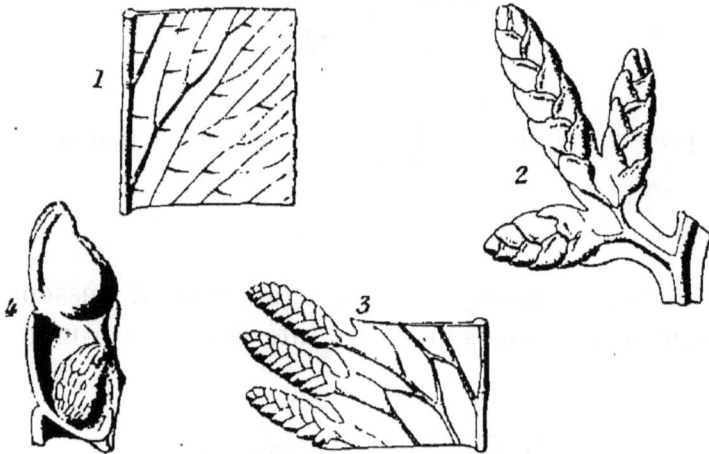

Fig. 68. — Lygodium.
1, portion de fronde stérile ; 2 et 4, portions de fronde fertile ;
3, Lygodictyon, portion fertile.

ou par rangs espacés le long du bord des parties
feuillues.

Ce genre est petit, très diffus, mais bien caractérisé
par ses stems grimpants.

Eulygodium — Veines libres.

Hydroglossum *Presl.*—Veines anastomosées (Lygodictyon *J. Sm*).

3ᵉ SOUS-ORDRE. — Marattiaceæ.

Sporanges s'ouvrant par une fente longitudinale
ou par un pore au sommet, ordinairement joints
ensemble en masses concrètes (Synanges). Vernation
circinée.

69ᵉ GENRE. — Angiopteris HOFFM.

Sporanges s'ouvrant par une fente longitudinale,
sessiles, très près l'un de l'autre, mais non concrets,

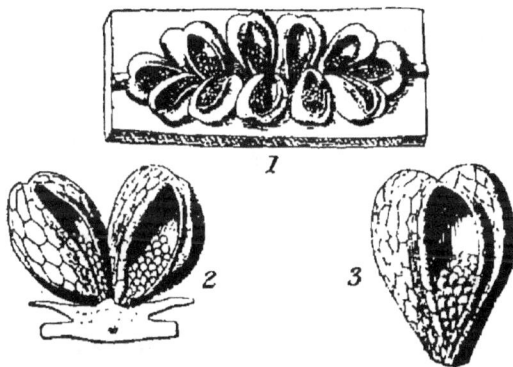

Fig. 69. — Angiopteris.
1, groupe de sporanges; 2, paire de sporanges et section de la
fronde; 3, sporange détaché.

disposés près des bords de la fronde par sores linéaires oblongs ou en forme de bateau.

70ᵉ GENRE. — Marattia SM.

Sporanges sessiles ou pédicellés, de 4 à 12, concrétés dans des synanges en forme de bateau, qui se
composent de deux rangs de sporanges, qui s'ouvrent
par des fentes le long de leur face intérieure.

Eumarattia. — Synanges pourvus d'une indusie
inférieure obscure et fimbriée.

Gymnotheca *Presl.* — Synanges sessiles dépourvus d'une indusie.

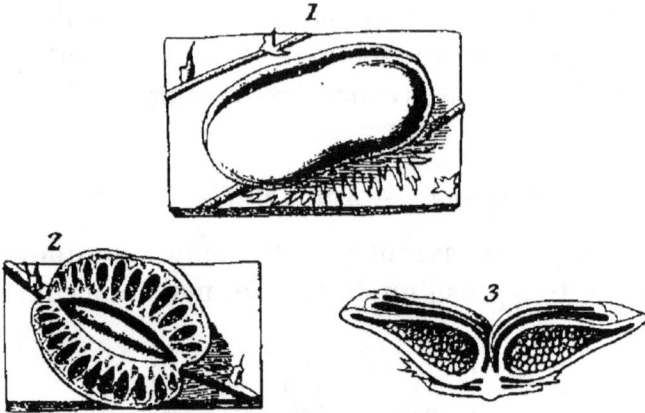

Fig. 70. — Marattia.

1 et 2, portions de fronde avec un seul réceptacle multilocu-
laire; 3, section verticale du réceptacle.

Eupodium *J. Sm.* — Synanges brèvement pédicellés, dépourvus d'une indusie.

71ᵉ GENRE. — Danæa Sᴍ.

Sporanges sessiles, concrétés en rangs, lesquels

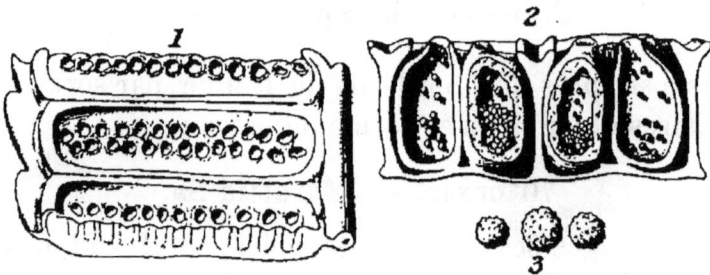

Fig. 71. — Danæa.

1, portion de fronde fertile; 2, section du réceptacle; 3, spores.

couvrent la surface totale du dessous de la penne où
ils sont placés, s'ouvrant par des pores à leur som-

met. Ce genre, qui est bien marqué, est restreint à l'Amérique tropicale.

72ᵉ GENRE. — **Kaulfussia** BLUME.

Sporanges sessiles de 10 à15, concrétés en masses

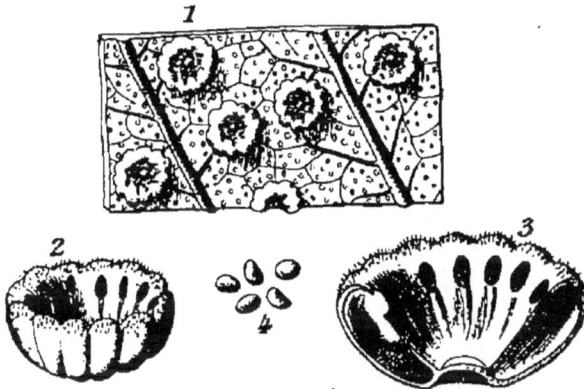

Fig. 72. — Kaulfussia.

1, portion de fronde fertile ; 2, réceptacle détaché ; 3, section verticale du réceptacle ; 4, spores.

circulaires élevées, et creuses au centre avec des ouvertures oblongues dans l'intérieur. Ce genre ne comprend qu'une espèce qui est curieuse par ses frondes semblables à des feuilles de châtaignier et le dessous des frondes pointillé copieusement de stomates.

6ᵉ SOUS-ORDRE. — Ophioglossaceæ.

Sporanges profondément bivalvés, s'ouvrant le long d'un côté presque à sa base, dépourvus d'un anneau. Vernation érect.

73ᵉ GENRE. — **Ophioglossum** Lᴿ.

Sporanges sessiles, disposés en deux rangs de façon à former un épi étroit et serré.

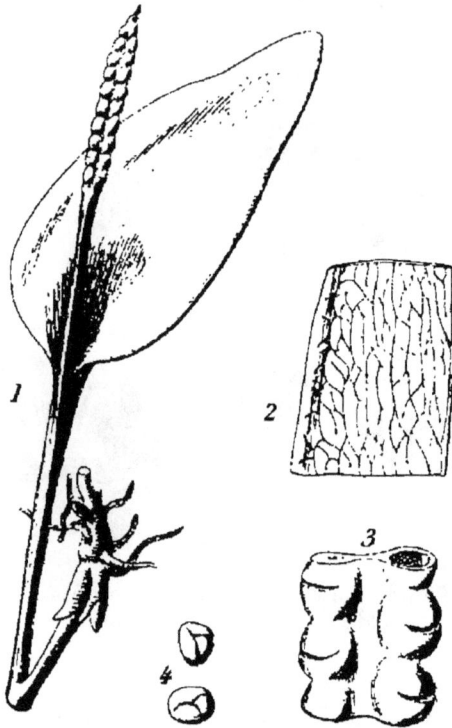

Fig. 73. — Ophioglossum.
1, plante complète; 2, portion stérile; 3, portion fertile;
4, spores.

a) **Euophioglossum**. — Épi fertile simple, se développant à la base des segments stériles.

b) **Ophioderma** *Endl.* — Épis fertiles ordinairement simples se développant au centre des segments stériles.

c) **Cheiroglossa** *Presl.* — Épis fertiles nombreux, se développant à la base des segments stériles.

d) **Rhizoglossum** *Presl.* — Frondes fertiles et stériles distinctes.

74ᵉ GENRE. — Helminthostachys KAULF.

Sporanges en petites aigrettes réunies par groupes et qui forment un long épi peu serré.

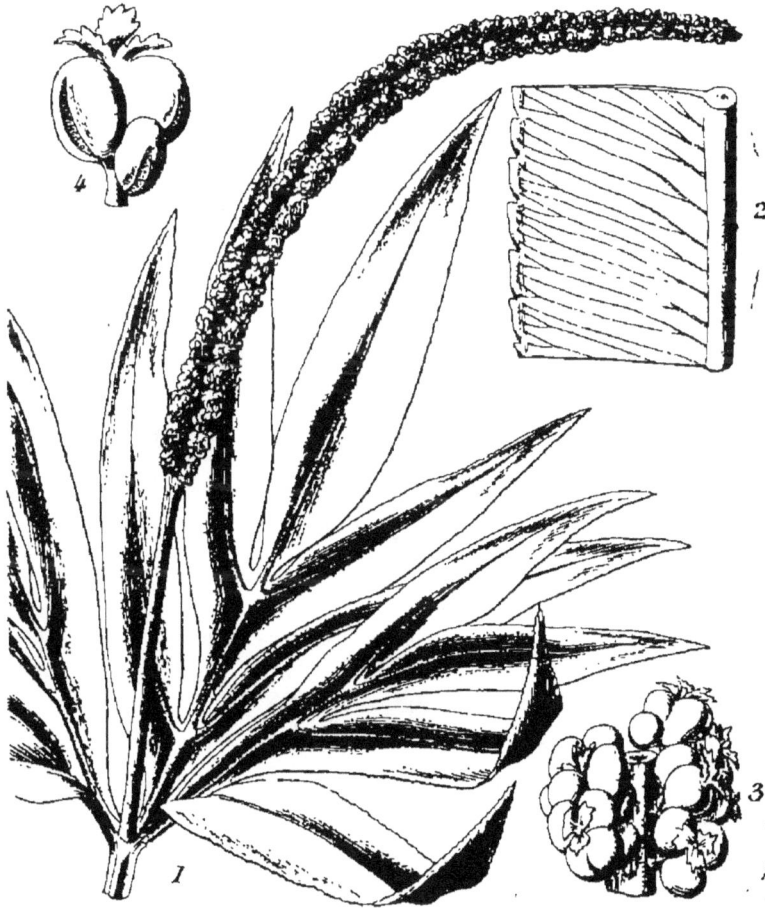

Fig. 74. — Helminthostachys.
1, plante à peu près complète; 2, portion de fronde stérile; 3 et 4, portions de fronde fertile.

75ᵉ GENRE. — **Botrychium** Sw.

Sporanges sessiles, disposés en deux rangs sur la face des épis et formant une panicule composée.

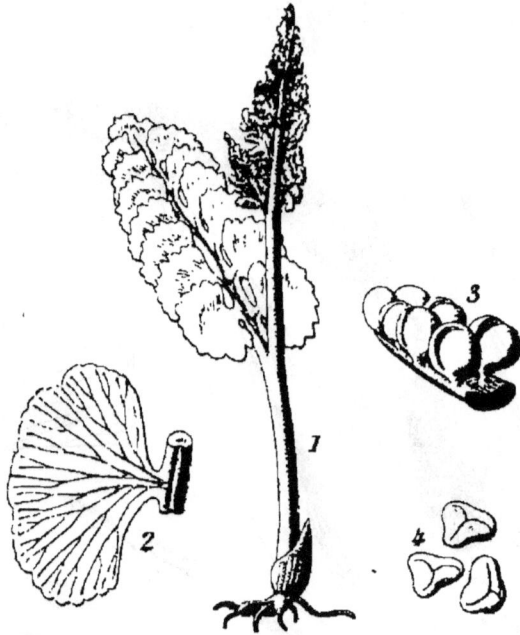

Fig. 75. — Botrychium.
1, plante complète; 2, portion stérile; 3, portion fertile;
4, spores.

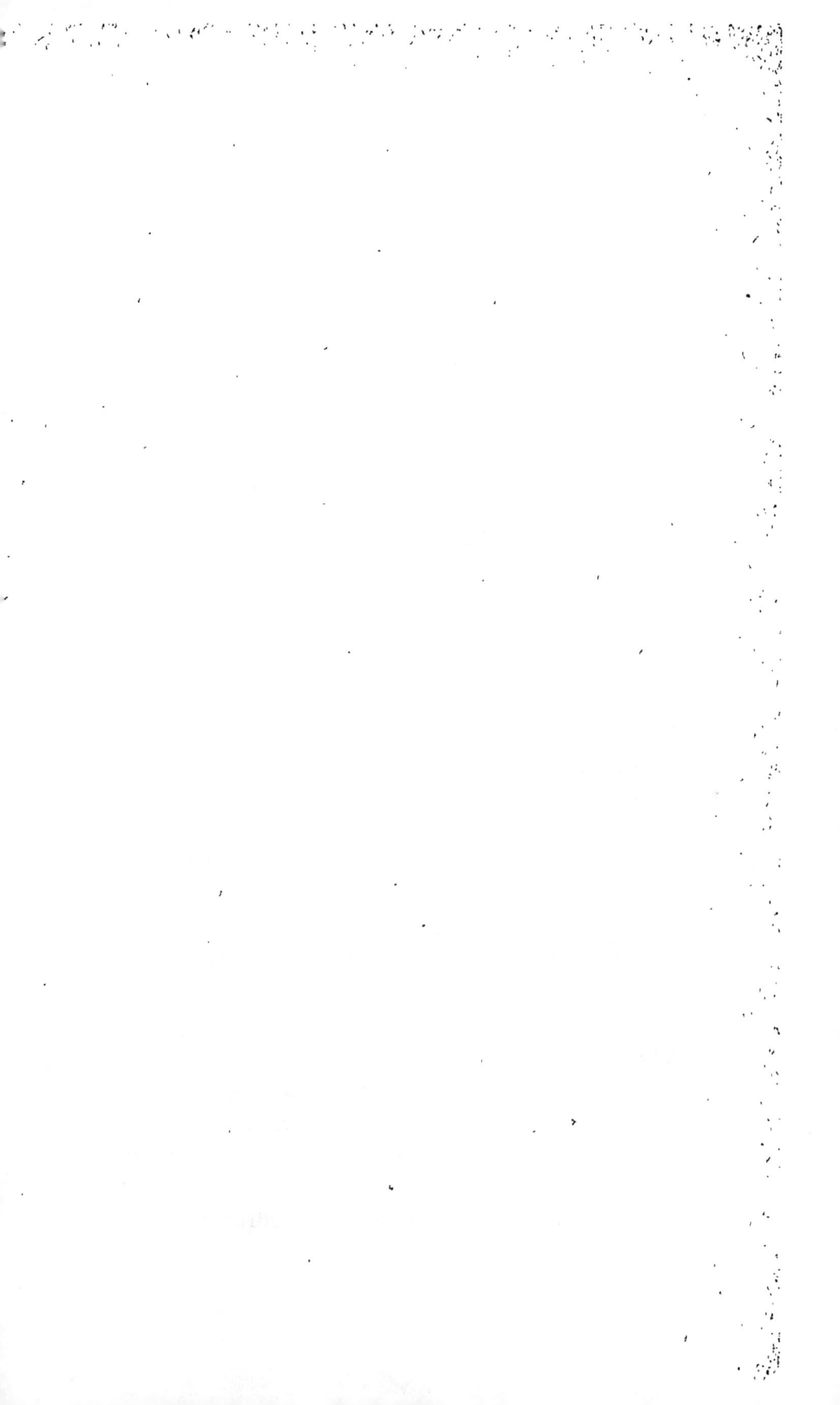

TROISIÈME PARTIE

MULTIPLICATION

———

Les Fougères se reproduisent de beaucoup de manières, et nous ne faisons qu'aider la nature en essayant de reproduire telle ou telle variété par spores : c'est cependant en semant leurs spores assez communément appelées graines qu'on en élève une immense quantité. Les spores sont contenues dans des capsules ou sporanges, comme il est expliqué dans l'organographie ; ce sont de véritables atomes qui sous des conditions favorables, principalement la lumière, sont projetés des sporanges comme des petites bouffées de fumée qui peuvent être distinguées à l'œil nu ; de là les graines de Fougères furent dites invisibles, et avoir le pouvoir de rendre les personnes invisibles (I have the receipt of Fern seed and walk invisible) (SHAKESPEARE). Quoi qu'il en soit, l'on peut voir à l'aide d'un microscope les formes définies de ces particules qui varient dans les différents genres ; elles sont globuleuses, ovales ou angulaires, glabres, lisses, striées ou échinées, et présentant ainsi de superbes objets microscopiques. Malgré la petitesse de ces spores, elles sont néanmoins douées d'une vitalité extraordinaire, et sont

facilement transportées à de grandes distances par
les courants d'air : ce qui explique la large distribution géographique de quelques espèces de Fougères.
Quand les spores sont soumises à des conditions
favorables, soit naturelles ou artificielles, elles végètent en s'étendant sous la forme d'une simple cellule oblongue de laquelle d'autres cellules sont
successivement produites et forment à la fin une
membrane mince appelée *prothalle*, qui repose à
plat sur la terre à laquelle il s'attache à l'aide de
spongioles ténues; arrivé à sa grandeur naturelle, il
est réniforme, quelquefois bilobé ou obcordiforme et
ayant assez l'apparence d'un petit lichen foliacé. Mais
avant de s'engager dans d'autres explications sur la
méthode du semis et de l'élevage des Fougères, le
semeur devra être initié à la découverte remarquable
faite en 1848 par le comte Leszczyc Suminski. Ce
savant trouva que les Fougères possédaient des organes analogues aux étamines et pistils des plantes
à fleur, et que ces organes sont produits sur le prothalle. Pendant la végétation de celui-ci des cellules
particulières de deux sortes sont produites sur la
surface inférieure, les unes nommées *Anthéridies* et
les autres *Archégonies*. Les premières, qui sont généralement au nombre de 30 à 40, contiennent des cellules rondes, lesquelles contiennent à leur tour des
spermatozoïdes vermiculaires qui s'échappent à leur
maturité. Les cellules des archégonies diffèrent considérablement en structure de celles des Anthéridies.
Elles contiennent un sac embryonnal, qui à une certaine période s'étend en dehors de la cellule et avec
lequel les spermatozoïdes viennent en contact. Par
ce fait même la fécondation s'opère; peu de temps
après le sac embryonnal est changé, un bouton se

forme et finalement une jeune fougère se développe
en même temps que le prothalle s'atrophie et meurt
graduellement. Ce singulier phénomène excita un
intérêt considérable et fut soigneusement étudié par
le professeur Henfrey et autres microscopistes émi-
nents. Quoique la brève description ci-dessus ne soit
qu'une esquisse des points principaux de ce curieux
sujet, ce sera suffisant pour appeler l'attention du
semeur de fougères sur ce point et l'aider à comprendre certaines anomalies dans la réussite ou la
non-réussite des semis de fougères.

Il y aura encore une grande étude sur faire à ce
sujet avant d'arriver à une conclusion complète : par
exemple, pourquoi la division Desmobrioïde (1) pro-
duit, règle générale, des plantes par graines en grande
abondance, au point que certaines espèces deviennent
les mauvaises herbes de nos serres chaudes, tandis
que celles de la division Erémobryoïde sont comparativement peu nombreuses et peuvent être considérées comme stérilité et exception à la règle. La
différence dans la fertilité de ces deux divisions est
remarquable : en effet l'expérience a prouvé que les
spores de cette dernière division végètent rarement
en moins de 18 mois après leur semis. Au contraire,
les espèces du groupe Desmobrioïde ne demandent
pas plus de deux ou trois semaines, et occasionnellement certaines espèces de Gymnogrammes et Cheilanthes germeront en six jours. Cependant cette irrégularité dépendra beaucoup des conditions dans
lesquelles le semis serait fait : car par des expériences

(1) M. Smith, dans sa classification, sépare les Fougères en série
Desmobrioïde et Erémobryoïde ; comme j'ai suivi la classification des docteurs Hooker et Baker, je ne dirai rien autre chose à
ce sujet.

répétées l'on fit germer des spores de Brainea insignis en quarante-huit heures. Par cette irrégularité il est donc impossible d'établir à quelle époque de l'année les semis devront être faits pour en assurer le succès et principalement pour les spores importées; mais j'engage à les semer aussitôt reçues, pourvu qu'une condition favorable puisse leur être donnée. Par conséquent, si les fougères se trouvent, dans leur état de prothalle pendant les jours d'hiver, une grande attention sera nécessaire afin de les empêcher d'être détruites par l'humidité et la croissance des Confervées.

Quand on désire multiplier une espèce particulière par spores, certaines précautions seront nécessaires pour les avoir en bonne condition et sans mélange d'autres espèces voisines. La fronde fertile sera ramassée quand les sporanges commencent à s'ouvrir et mise entre deux feuilles de papier que l'on tiendra pour quelques jours dans un endroit modérément sec. Au bout de ce temps les spores auront été projetées dans le papier, où on les trouvera en abondance; elles devront être semées de suite dans des pots préparés de la façon suivante: choisir de préférence des pots de 8 à 10 centimètres de diamètre et les remplir à moitié par un bon drainage en réservant les plus petits tessons pour le dessus; ensuite on remplira le restant du pot avec un compost préparé par moitié de terre de bruyère et de sable avec un quart de terre franche, le tout tamisé très fin; puis l'on parsèmera sur le dessus un peu de brique concassée très fine et on pressera un peu sur le compost; ensuite on arrosera bien uniformément et avant que la terre ne soit trop ressuyée on distribuera légèrement les spores, on devra recouvrir le tout d'un

morceau de verre de même grandeur que le pot et
un espace d'un ou deux centimètres devra être ré-
servé entre la terre et le verre. Dans le but de con-
server le tout légèrement humide, on placera les
pots dans de petites terrines où on tiendra constam-
ment de l'eau, une surveillance attentive devra être
donnée aux semis afin de ne pas laisser la terre devenir trop humide ; d'ailleurs, aussitôt que la con-
densation deviendra un peu forte, on épongera soigneusement les verres. A mesure que les spores
germent et que les prothalles deviennent assez pres-
sés pour se toucher, on devra les dépresser, tout en
conservant et repiquant tout ce que l'on aura retiré
dans des pots préparés comme pour les spores.

Malgré tout le soin que l'on prend en semant les
spores, on trouve souvent dans un semis des plantes
que l'on avait semées dans un pot voisin, et cela n'a
pas lieu d'étonner : car la plus petite motion de l'air
peut emporter les spores pendant qu'on les sème ; on
pourra même utiliser avantageusement les spores
que l'on a de trop, en les répandant dans toute la
serre sur les pots et les murs humides qui produisent
souvent des jeunes plantes en abondance. Il arrive
aussi qu'une bonne récolte de Pteris aquilina est le
résultat de tant de soins ; pour prévenir cela, on
passe sa terre toute préparée au four, et pour la remettre dans son état normal on se sert d'eau que
l'on a fait bouillir. Il est dit que les spores retiennent
leur vitalité pour un grand nombre d'années ; je n'ai
pas de preuves directes sur ce fait ; mais dans différentes occasions l'on vit des plantes apparaître sans
que les spores en aient été semées, et même sans
qu'un spécimen sec soit dans les herbiers. Pour
exemple, on peut citer le Lomaria Patersoni, plante

trouvée en Tasmanie, et qui fit spontanément son apparition à Kew en 1830 ; un seul spécimen se trouvait, dit-on, à ce moment-là, en la possession de M. Brown au British Museum, et que je n'ai jamais vu. Allan Cunnighann m'informa d'ailleurs qu'il ne trouva pas cette plante au British Muséum et fut grandement surpris en la voyant à Kew. Cette plante, avec le temps, fournit des spécimens à beaucoup d'herbiers et des plantes vivantes à plusieurs jardins botaniques. Un autre exemple est celui du Doodia blechnoïdes, qui fit son apparition à Kew en 1835. D'autres exemples pourraient être cités ; témoin l'apparition de deux Asplenium stipitatum que je supposais d'abord issus d'un spécimen de mon herbier nommé par moi Neottopteris stipitata ; mais, avec le temps, il devint évident que les deux plantes différaient totalement de mon spécimen, et, ainsi que les Lomaria et Doodia, je n'avais jamais vu de spécimen indigène de ces plantes ; par quel hasard ces spores furent-elles introduites à Kew, il est impossible de le savoir.

En 1829, je trouvai un Ceterach officinarum poussant dans une crevasse de maçonnerie, sur une des tours du nouveau palais à Kew (abattu depuis). Comme cette fougère ne croît pas spontanément aux environs de Londres, il serait inutile de chercher à savoir d'où cette spore solitaire avait pu venir ; elle trouva cependant un endroit propice dans cette crevasse, pour germer et résister aux influences climatériques pendant son état de prothalle, et enfin devenir une plante établie. Ces quelques exemples de spontanéité isolée expliquent promptement la large distribution géographique de quelques espèces sur le globe.

Les spores de beaucoup d'espèces germent promptement et abondamment, et deviennent des prothalles bien développés ; malgré cela, il arrive fréquemment qu'aucune plante ne se forme, et avec le temps le prothalle disparaît. La cause supposée a toujours été une humidité trop forte ou une action atmosphérique inconnue, comme il arriva pour certaines espèces d'un intérêt spécial, comme par exemple le Brainea insignis, dont les spores, comme il vient d'être mentionné, germent promptement, sans cependant pouvoir en obtenir de jeunes plantes et sans même voir un prothalle produire la plus petite plantule. Sans un sérieux examen microscopique des prothalles nous pouvons seulement supposer la probabilité que, comme les plantes à fleur, toutes les spores de quelques espèces de fougères (comme Brainea) sont unisexuées ou sont même dépourvues des Anthéridies et Archégonies, et dans les deux cas il y a insuffisance des éléments nécessaires à la production d'une plantule.

Quelques formes intermédiaires ont déjà été obtenues de semis, notamment dans les Gymnogrammes, qui sont considérées comme hybrides, ce qui peut être admis par la supposition de deux prothalles d'espèces différentes croissant si près l'un de l'autre que les spermatozoïdes d'un prothalle puissent passer et fertiliser les archégonies d'un autre, de façon à produire un hybride, comme dans les plantes à fleur. Une autre remarque d'une certaine importance est qu'en général une seule plantule est formée par prothalle. A ceci, l'on peut admettre que la fonction vitale d'un prothalle ne soit pas susceptible d'en supporter davantage, et par cela même analogue à beaucoup de plantes à fleur, dans lesquelles un seul

ovule est fertilisé par ovaire. En admettant ceci,
comment pourrions-nous expliquer alors qu'en sépa-
rant la plantule très petite, un nouveau bouton se
forme? l'on en obtint même jusqu'à huit d'un prothalle d'Hymenodium crinitum et qui, avec des soins,
devinrent tous des plantes. D'autres expériences ont
prouvé qu'en divisant avec un instrument très tranchant un prothalle, de la base au sommet, en deux
ou même quatre parties, chacune de ces parties pro-
duisait une plante.

Voyant ceci, l'on peut déduire que les prothalles
ont le pouvoir de produire des plantules, analogues
en ceci aux feuilles de Bégonia et quelques autres
plantes; mais que ceci soit le cas, ou que ce soit le
résultat des spermatozoïdes sur les archégonies la-
tentes, c'est ce qui nous reste à savoir.

Nous avons encore le remarquable exemple de la
profusion de plantes produites par spores de toutes
les fougères farineuses, telles que Gymnogramme,
Nothochlœna, Cheilanthes, Cincinalis, etc., etc., et
aussi des genres à rachis brillants et frondes lisses :
Pellea, Platyloma, Doryopteris et Adiantum, tandis
que les espèces à frondes molles de la division Erémobryoïde produisent comparativement très peu de
plantes par spores. Ce sujet réclame encore une
grande investigation de personnes expérimentées
avant de pouvoir être expliqué d'une façon satisfai-
sante. La majorité des fougères ne se reproduisent
pas par spores, et, malgré cela, se reproduisent
promptement par rejetons et boutons vivipares ou
bulbilles produites sur la surface supérieure de la
fronde, au sommet des frondes ou dans les axes des
segments, et qui, avec du soin, deviennent des
plantes.

Les fougères de vernation cespiteuse produisent occasionnellement des boutons ou couronnes de frondes, sur le côté de leur caudex, qui peuvent être séparés pour la multiplication avec un couteau bien tranchant, quand la vernation consiste en un rhizome rampant. L'on peut le couper en morceaux sur lesquels seront un ou plusieurs boutons ou points de départ de la végétation, et qui seront, ainsi que les couronnes de frondes détachées des côtés du caudex, placés dans des pots aussi petits que possible, avec un compost approprié à leur espèce, puis placés dans une atmosphère étouffée jusqu'à leur complète reprise. Jusqu'à présent, les tentatives faites pour multiplier les fougères par portions séparées et dépourvues d'articulations ou boutons, sont restées sans résultat, à part le Scolopendrium vulgare qui semble faire exception à la règle; en effet, si l'on insère des portions de frondes prises à leur base dans une terre humide tenue chaude et étouffée, elles s'enracinent rapidement; les formes anormales du même genre s'enracinent également si des portions de frondes sont traitées comme je viens de l'indiquer.

La multiplication des fougères par les bulbilles qui naissent sur les frondes, est des plus faciles; aussitôt que ces bulbilles sont assez grosses pour être détachées facilement, on les enlève et on les repique dans des pots remplis d'une terre légère; puis on les couvre d'une cloche jusqu'à leur complète reprise; après quoi, on les rempote séparément. Les espèces dont le sarmentum est dur, long et mince, comme dans les Geicheinia, ne s'enracinent pas facilement lorsqu'ils sont séparés, et en effet de fortes plantes ont été détruites par une trop grande division de léur sarmentum. Pour prévenir ceci, l'on fait des couchages en fixant l'extrémité des sarmentum sur de petits pots remplis de terre, et sur lesquels ils s'enracinent assez facilement; l'on pourra ensuite les séparer sans crainte et sans endommager la plante mère.

CULTURE DES FOUGÈRES.

La culture des fougères, qui se propage tous les jours, est bien digne d'attirer l'attention de tous les amateurs de belles plantes ; en effet, ne peuvent-elles pas être rangées parmi les plus élégantes et les plus gracieuses des productions de la nature? Cette culture elle-même possède un grand attrait, car chacun peut fonder sa collection et arriver en peu de temps à avoir des plantes admirables et capables de figurer avantageusement à côté des Palmiers, ces rois de la végétation.

Comme je viens d'indiquer les différents moyens de multiplier les fougères, je me bornerai à citer en peu de mots les procédés de culture qui m'ont le mieux réussi, et que je diviserai en trois parties, savoir: du *Rempotage*, de l'*Arrosage* et des *Soins généraux* à donner aux fougères. Mais avant de commencer, je puis dire quelques mots sur la vitalité des spores, ayant fait quelques expériences à ce sujet. C'est ainsi qu'au printemps 1882 je semai des spores de quelques spécimens secs qui étaient le Ceratopteris thalictroïdes, Doryopteris sagittifolia et palmata Cheilanthes argentea et microphylla, Anemia tormentosa var. Cheilanthoïdes, Gymnogramme Peruviana aryrophylla ; ces spécimens étaient en ma possession depuis 1875; les spores de toutes ces espèces germèrent parfaitement et devinrent des plantes. Comme on le voit, les spores conservent

leur vitalité pendant de longues années, à condition
de les tenir bien au sec.

Rempotage.

Le rempotage des fougères peut se faire en toute
saison, mais de préférence au mois de février : car à
ce moment le soleil commence à prendre de la force
et active la végétation : c'est donc l'époque favorable
pour le rempotage général; mais pour les plantes que
l'on veut pousser, c'est-à-dire arriver à faire promptement de beaux spécimens, l'on doit continuer les
rempotages toute l'année; on reconnaîtra facilement
le besoin de rempotage par une plante dont la végétation se ralentira ou dont l'extrémité des frondes
sera mal conformée, ou enfin dont les frondes per-
draient leur belle teinte et jauniraient; pour les
Adiantum, et en particulier pour les Adiantum Far-
leyence, aussitôt que quelques pinnules isolées viennent à se sécher dans l'intérieur de la plante, il sera
temps de la rempoter : car alors la terre sera épuisée
ou le drainage ne fonctionnera plus régulièrement,
et, quitte à diminuer la motte et la remettre dans le
même pot, on devra la rempoter. J'ai moi même pra-
tiqué cette opération bien des fois sur un Adiantum
Farleyense qui devint l'un des plus forts que j'aie vus
en culture.

Le point de départ d'un bon rempotage et sur lequel
on devra jeter toute son attention est le drainage. Je
choisis de préférence des pots profonds de façon à
pouvoir mettre au fond du pot un épais drainage, soit
une épaisseur de six à sept centimètres au moins
pour les fortes plantes; l'on emploiera des gros tessons de pots en ayant soin de réserver les plus petits
pour le dessus, puis recouvrir de fibres de terre de

bruyère ou, à défaut, avec du sphagnum et rempoter avec de la terre appropriée à chaque genre et qu'il est difficile de préciser d'une manière exacte. Cependant je vais indiquer les composts qui m'ont le mieux réussi. Ainsi pour les genres Adiantum, Gymnogramme et quelques Nephrodiums j'emploie le compost suivant : un quart terre de bruyère, un quart terre franche, un quart terreau de feuilles et un quart de vieilles vases bien décomposées, le tout passé au crible. Pour les Nephrolepis, Blechnum et quelques Polypodiums j'emploie un compost de terre de bruyère pure et grossièrement concassée. Pour les Pteris, Davallia, Asplénium, etc., j'emploie un compost de terre de bruyère concassée à la main dans la proportion des deux tiers environ avec un tiers de terreau de feuilles et j'additionne le tout d'un peu de sable de rivière ; ce compost réussit très bien pour beaucoup de plantes de culture difficile.

Arrosages.

Aussitôt une plante rempotée, on devra l'arroser copieusement afin de bien affermir la terre, et par la suite les arrosages devront être faits le matin : car, comme les fougères aiment l'humidité et ne devront jamais être privées d'eau, il serait dangereux d'arroser une plante à peine sèche à l'entrée de la nuit, où la température doit toujours être plus basse que dans la journée et où la plante n'absorberait que difficilement ce surcroît d'humidité ; cet inconvénient n'existe pas en arrosant dans la matinée : car la chaleur du jour facilite l'absorption de cet arrosage et les plantes végètent vigoureusement avec ce traitement. L'eau de pluie est préférable pour les arrosages, et celle que j'emploie me vient d'un étang qui n'est alimenté que par les eaux pluviales : l'eau de rivière donne également d'excellents résultats.

Soins généraux.

Les soins à donner aux fougères exotiques sont à peu près les mêmes que pour les autres plantes de serre chaude, c'est-à-dire une grande humidité atmosphérique, qui sera augmentée en raison de la chaleur que l'on aura, soit naturelle ou artificielle, mais aucun bassinage ne sera donné sur les frondes des fougères, à l'exception de celles dont les spores sont si nombreuses qu'en tombant elles recouvrent et salissent le dessus des autres frondes. Alors dans ce cas un bon bassinage les débarrassera de cette espèce de poussière ; quelquefois même la couche en est si épaisse que l'on devra se servir d'une éponge pour l'enlever ; l'on devra également tenir les fougères à l'abri des insectes, ou les en débarrasser au plus tôt et avant qu'elles n'en soient envahies. Les insectes qui s'attaquent aux fougères sont nombreux, les plus dangereux sont les Thrips qui détériorent promptement la plus belle plante ; les fumigations sont le meilleur remède, mais elles devront être répétées plusieurs fois à quelques jours d'intervalle pour les détruire, et encore n'y arrivera-t-on que difficilement. Les cochenilles sont aussi très difficiles à détruire : car les fumigations ne les incommodent nullement. Voici comment j'arrive à m'en débarrasser : je prends de l'eau à la température de la serre, à laquelle j'additionne un dixième de nicotine, et je seringue ces plantes en tâchant que toutes les frondes où sont les insectes en soient imprégnées. Au bout de quelques heures je donne un bassinage à l'eau claire : car la nicotine en se séchant par gouttelettes pourrait endommager quelques jeunes frondes. Ce procédé m'a très bien réussi pour des plantes qu'il eût été relativement impossible de nettoyer autrement.

Les autres soins consistent à ombrer les serres quand le besoin en est, soit avec des claies ou des toiles, mais leur donner toute la lumière possible, et à cet effet relever les claies aussitôt que le soleil n'est plus à craindre. Pendant les mois de novembre, décembre et janvier je ne leur donne aucun ombrage, mais simplement de l'air pour empêcher la température de trop s'élever.

Pendant l'été, et quand à la tombée de la nuit la température extérieure se tient au-dessus de 20 degrés centigrades j'ouvre en grand et pendant une heure ou deux toutes les issues de la serre. Ce détail, quoique simple en apparence, possède une grande puissance pour la santé des plantes et je conseille de l'essayer.

TABLE DES MATIÈRES

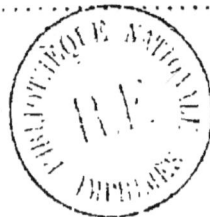

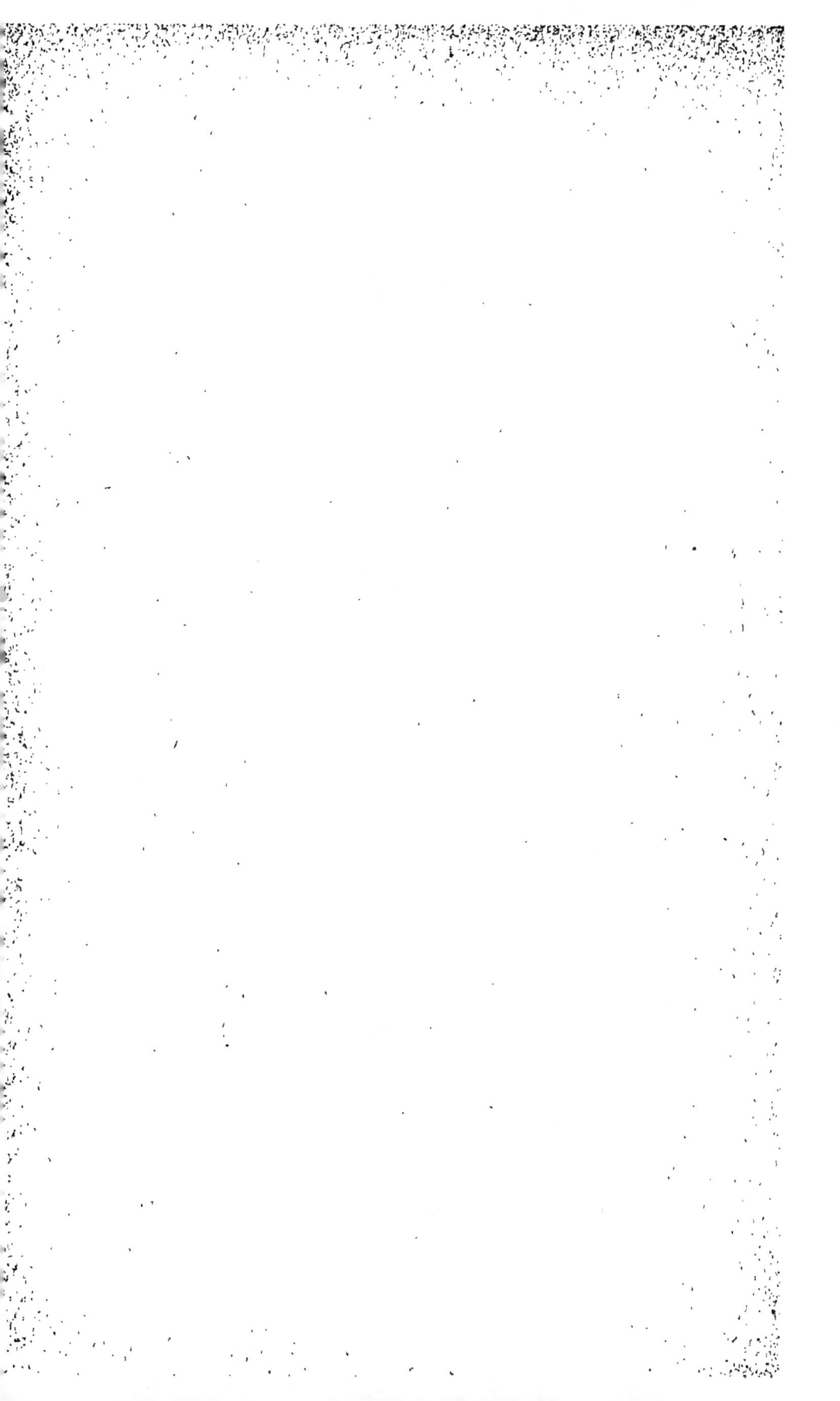

TABLE DES GENRES ET SOUS-GENRES

CONTENUS DANS CE LIVRE

LISTE DE GENRES ET SOUS-GENRES   119

Les sous-genres suivants, employés par certains auteurs et dont il n'est pas question dans ce livre, sont reportés comme il suit :

Abacopteris, voy. Nephrodium et Polypodium.
Achomanes, voy. Trichomanes.
Acrophorus, voy. Davallia.
Adenophorus, voy. Polypodium.
Aglaomorpha, voy. Polypodium.
Amauropelta, voy. Nephrodium.
Amblia, voy. Aspidium.
Ampelopteris, voy. Polypodium.
Anapeltis, voy. Polypodium.
Anemiæbotrys, voy. Anemia.
Anemirhiza, voy. Anemia.
Anisocampium, voy. Nephrodium.
Anogramme, voy. Gymnogramme.
Apalophlebia, voy. Polypodium.
Arachniodes, voy. Aspidium.
Arthrobotrys, voy. Nephrodium.
Arthrodanæa, voy. Danæa.
Arthropteris, voy. Nephrodium et Nephrolepis
Asplenidictyon, voy. Asplenium.
Bathmium, voy. Aspidium.
Blechnidium, voy. Blechnum.

Blechnopsis, voy. Blechnum.
Bolbitis, voy. Acrostichum.
Botryopteris, voy. Helminthostachys.
Brachysorus, voy. Asplenium.
Cabymmodon, voy. Polypodium.
Callipteris, voy. Asplenium.
Camptodium, voy. Nephrodium.
Cephalomanes, voy. Erichomanes.
Ceterach, voy. Asplenium et Gymnogramme.
Cheiropleuria, voy. Acrostichum.
Chnoophora, voy. Asophila.
Cnemidaria, voy. Hemitelia.
Cochlidium, voy. Monogramme.
Cœlopteris, voy. Polypodium.
Colysis, voy. Polypodium.
Coniogramme, voy. Gymnogramme.
Craspedaria, voy. Polypodium.
Craspedoneuron, voy. Trichomanes.
Crypsinus, voy. Polypodium.
Cryptosorus, voy. Polypodium.
Cuspidaria, voy. Tænitis.
Cyclopeltis, voy. Aspidium.
Danæopsis, voy. Danæa.
Davalliopsis, voy. Trichomanes.
Diblemma, voy. Polypodium.
Diclidopteris, voy Monogramme.
Diclosodon, voy. Nephrodium.
Dictymia, voy. Polypodium.
Dictyogramme, voy. Gymnogramme.
Didymoglossum, voy. Hymenophyllum.
Discotegia, voy. Marattia.
Dryomenis, voy. Aspidium.
Dryopteris, voy. Nephrodium.
Dryostachyum, voy. Polypodium.
Eriosorus, voy. Gymnogramme.
Galeoglossa, voy. Polypodium.
Gisopteris, voy. Lygodium
Glaphyropteris, voy. Polypodium.
Glyphotænium, voy. Polypodium.
Grammatosorus, voy. Nephrodium.
Granulina, voy. Acrostichum.
Gymnosphæra, voy. Asophila.
Gynosorium, voy. Polypodium.
Habrodictyon, voy. Trichomanes.
Haplodictyum, voy. Nephrodium.
Hecistopteris, voy. Gymnogramme.

Homestheum, voy. Nephrodium.
Hemicardium, voy. Aspidium.
Heterodanæa, voy. Danæa.
Heterogonium, voy. Gymnogramme.
Holcosorus, voy. Polypodium.
Hymenocystis, voy. Woodsia
Hymenodium, voy. Acrostichum.
Hymenoglossum, voy. Hymenophyllum.
Hymenostachys, voy. Trichomanes.
Hypochlamys, voy. Asplenium.
Hypodematium, voy. Nephrodium.
Jenkinsia, voy. Acrostichum.
Lacostea, voy. Trichomanes.
Lecœnium, voy. Trichomanes.
Lecanopteris, voy. Polypodium.
Lepicystis, voy. Polypodium.
Leptochilus, voy. Acrostichum.
Leptocionium, voy. Hymenophyllum.
Leptopleuria, voy. Dicksonia.
Lomagramme, voy. Acrostichum.
Lomaridium, voy. Lomaria.
Lopholepis, voyez Polypodium.
Lophosorus, voy. Alsophila.
Lotzea, voy. Asplenium.
Macroplethus, voy. Acrostichum.
Mecosorus, voy. Gleichenia.
Melanopteris, voy. Aspidium.
Mesochlæna, voy. Didymochlæna.
Metaxya, voy. Cyathea.
Microgenium, voy. Trichomanes.
Microgramme, voy. Polypodium.
Micropodium, voy. Asplenium et Scolopendrium.
Microsorium, voy. Nephrodium et Polypendium.
Microstaphyla, voy. Acrostichum.
Monachosorum, voy. Polypodium.
Neurocallis, voy. Acrostichum.
Neurodium, voy. Tænitis.
Neurogramme, voy. Gymnogramme.
Neuromanes, voy. Trichomanes.
Neurophyllum, voy. Trichomanes.
Neurosoria, voy. Acrostichum.
Niphopsis, voy. Polypodium.
Oochlamys, voy. Nephrodium.
Pachyderis, voy. Nephrodium.
Pachyloma, voy. Hymenophyllum.
Paltonium, voy. Tænitis.

Paragramma, voy. Polypodium.
Parkeria, voy. Ceratopteris.
Peranema, voy. Sphæropteris.
Phanerophlebia, voy. Aspidium.
Phlebigonium, voy. Nephrodium.
Phlebiophyllum, voy. Trichomanes.
Plagiogyria, voy. Lomaria.
Plecosorus, voy. Cheilanthes.
Podopeltis, voy. Nephrodium.
Polycampium, voy. Polypodium,
Polytænium, voy. Antrophyum.
Proferea, voy. Nephrodium.
Pseuathyrium, voy. Polypodium.
Psidochlea, voy. Angiopteris.
Pteroneuron, voy. Davallia.
Pteropsis, voy. Tænitis.
Pterozonium, voy. Gymnogramme.
Pycnodoria, voy. Pteris.
Pycnopteris, voy. Nephrodium.
Saccoloma, voy. Davallia.
Schellolepis, voy. Polypodium.
Schizopteris, voy. Cheilanthes.
Scoliosorus, voy. Antrophyum.
Serpyllopsis, voy. Trichomanes.
Sitolobium, voy. Dicksonia.
Sphærocionium, voy. Hymenophyllum.
Sphærostephanos, voy. Didymochlæna.
Stibasia, voy. Marattia.
Stromatopteris, voy. Gleichenia.
Synochlamys, voy. Pellæa.
Teratophyllum, voy. Acrostichum.
Thylacopteris, voy. Polypodium.
Triblemma, voy. Asplenium.
Trichocarpa, voy. Deparia.
Trichopteris, voy. Alsophila.
Trichosorus, voy. Alsophila.
Trismeria, voy. Gymnogramme.
Ugena, voy. Lygodium.
Vaginularia, voy. Monogramme.
Xiphopteris, voy. Polypodium.

Paris. — Imprimerie F. Levé, rue Cassette, 17.

www.ingramcontent.com/pod-product-compliance
Lightning Source LLC
Chambersburg PA
CBHW071202200326
41519CB00018B/5324